人生这门学问

「人生学」ことはじめ

[日] 河合隼雄 | 著

何玮 | 译

中国出版集团
东方出版中心

中文版序言

　　河合隼雄先生既是一名心理治疗师，也是一位临床心理学家。他不只关注眼前的来访者，也关注导致来访者烦恼的各种社会及文化因素。河合先生撰写了诸多书籍，硕果累累。其中，以畅销百万册的《心的处方笺》为首——河合隼雄先生根据个人经历撰写的随笔，文字通俗易懂，字里行间不乏深度和广度，广受读者好评。《人生这门学问》一书，亦是其中一本。选用"人生学"一词，可以说是作者的独到之处。

　　当然，正如作者本人所述，世间也不存在所谓"人生学"这门学问。河合隼雄先生从事的心理治疗工作，其目标并不仅仅是消除来访者的症状、解除其心理上的烦恼，最为核心的是，陪伴来访者，与其共同思考如何生存的本质性问题。书中倡导的"人生学"，是基于河合先生的心理治疗理念，与来访者共同探讨"人的活法"，从中给出了诸多的建议与提议。可以说，这就是真正的"人生学"。

虽说给出建议与提议，但也并非手把手教授读者如何具体操作。当今社会，冠名"实用操作手册"的书籍随处可见。那一类书籍往往会导致读者产生某种错觉——只要我阅读了，我就能熟练操作。事实上，心理治疗这份工作并非心理治疗师给予来访者解决问题的方法，相反，而是来访者不得不凭借自身的力量找到解决问题的出路。和这一过程类似，阅读河合先生的著作，我们并不能直接获得具体的方法，但是能开拓视野，获得启发，丰富人生。这也是阅读河合先生著作的最大魅力。

阅读目录你会发现，"人生学"与良好的人际关系密切相关。家庭关系也好，恋爱关系也罢。此外，在"人生学"中，"死亡""我究竟是谁"等主题，也同样重要。翻开本书，你可以按章节顺序阅读，也可以从自身最感兴趣或最烦恼的事情出发展开阅读。在书中提到的形形色色的主题中，如果只能挑选一个，我想聚焦第四章"工作·自立·人生"，在此引用"你用什么赌一把人生"中的一句令人震撼的话语：

"我认为，人生中，一次也没有经历过'忘我'体验的人是不幸的。我们得尝试用什么赌一把人生。只有这样，你才能真正说，我活过。"

人生，并不是取决于外在的、客观的正确与否。只有全身心投入，置身其中，这才是人生。这里蕴含着"人生学"的本质，也体现了河合隼雄先生的人生观。

河合俊雄

（国际分析心理学会前任主席、京都大学名誉教授）

穆旭明博士 译

目 录

序　　i

第一章　家人——体验人生从"我的家开始"　　001

1. 有助于培养自立精神的家庭关系　　005
2. 倾听孩子的心声　　006
3. 为了给孩子带来真正的幸福　　008
4. 父亲和母亲都要对自己充满信心　　011
5. 不能安逸于感觉良好的母子关系中　　014
6. 重新思考父亲存在的意义　　016
7. 当代对父亲提出的要求　　018
8. 构建人格独立的亲子关系　　020
9. 重新思考家庭意义的时刻已经到来　　023
10. 家庭关系映照着生活方式　　026

第二章　人际关系——领会若即若离的妙处　　029

11. 学会尊重对方　　032
12. 从人与人的关系中得到的感悟　　034
13. 避免片面、浅层的思维　　036

14. 仅靠漂亮话无法理解问题的本质　　039
15. 建立没有束缚的自由关系　　041
16. 在争执中领悟彼此间的距离感　　042
17. 努力改变冷漠的人际关系　　043
18. 情感的交流远比科技发展更迫切　　047
19. 失去交往导致的悲剧　　049

第三章　学校·教育——为了使现在胜过以往，未来好于现在　　053

20. 教育在富裕的生活中迷失了方向　　056
21. 教育应确立的目标　　059
22. 发展个性的艰难之处　　062
23. 与思想意识融为一体的性教育　　063
24. 僵化的日本教育　　064
25. 孩子的能力不是分数能测量的　　066
26. 拯救心灵是教育的出发点　　068
27. 成年人应做些什么　　071
28. 从故事中学会的道理　　072

第四章　工作·自立·人生——哭也罢，笑也罢，人生仅此一回　　075

29. 工作的舒心源于灵活的态度　　078
30. 有助于成长的苦乐之比　　081
31. 追求平静的内心世界　　083
32. 你用什么赌一把人生　　085
33. 甩掉娇气开始自立　　086

34. 把握自己，不为头衔、地位所左右 090
35. 我们从不幸中学到了什么 092
36. 培养作为"国际人"的视野 094
37. 思考一下年轻时应该做的事情 095
38. 勇于越雷池半步 097
39. 换一个角度重新审视我们的生活态度 099

第五章 恋爱·结婚——恋爱结束后，关键时刻才到来 101

40. 婚姻能否真正治愈人们受伤的心灵 104
41. 关于相互理解和认可 106
42. 离婚，以此期待幸福的来临 108
43. 心心相印的交流 111
44. 先了解自己，才能展开交往 113
45. 不要被形式迷惑 114
46. 爱的形式多种多样 116
47. 做好准备，向世界挑战 117

第六章 宗教·死亡——人不免一死 121

48. 宗教与心灵同在 124
49. 用免罪符拯救不了心灵的贫瘠 126
50. 扎紧心灵的篱笆 128
51. 逐渐被纳入科学的宗教 131
52. 日本的土壤孕育出独特的宗教观 132
53. 培养鉴别危险的判断力 133
54. 做好准备，面对自己 136

55. 面对死亡我们应做好心理准备　　　136
56. 意识到死亡会让我们的生活更充实　　140
57. 了解日本与西方生死观的差异　　　142
58. 利用身边的事进行宗教教育　　　　143
59. 何处寻找心灵的支柱　　　　　　　146
60. 今后宗教应有的形态　　　　　　　150

第七章　心·自我·幸福——停下脚步，重新思考　151

61. 自我，是一切的出发点　　　　　　154
62. 迈向"寻找自我"之旅　　　　　　156
63. 心灵和肉体是分不开的　　　　　　159
64. 解开人们对心灵的误解　　　　　　161
65. 肤浅的幸福不会长久　　　　　　　164
66. 相信自己有能力从悲哀中走出　　　166
67. 幸福的感觉因人而异　　　　　　　167
68. 人是在矛盾之中生存的　　　　　　169
69. 从孩子的纯真中领悟到的真谛　　　171
70. 物质富裕带来的不安　　　　　　　172
71. 用心灵感知眼睛看不到的真实　　　173
72. 经过痛苦才有心灵的愈合　　　　　176

译后记　　　　　　　　　　　　　　　178

序

也许很多人会说,"人生学"这种说法我从未听过,以前也许没有人使用过"人生学"这个词语,言外之意,根本没有必要创造这样一个新词。但是,在仔细思考之后,我还是对这个词情有独钟。我来解释一下其中的原因,这样大家就能把握这本书的特点了。

每个人的人生之路都与他人相异。它是唯一的,不可替代的。而且每个生命都有终点。在有限的生命之中,人们会思考以下问题:"人为什么活着?""人生的意义何在?"等等。为了回答这些问题,产生了宗教、哲学等学科,还有研究人生的心理学。此外,人生中究竟该学些什么,要怎样学,从这一角度而言,又涉及教育学。

细数一下,我们会发现许多"学"都与上述问题相关。而且,要成为一门名副其实的学问,必须带有某种普遍性，如此说来就愈发高深了。

但是，在具体的生活中，"我应该怎么办才好？""我生存的意义在哪里？"。当"我"成为问题的核心时，重要的就不再是那些抽象的理论，而是具体翔实的事例。在考虑有关人生的问题时，结合实际重视"自我"，才是至关重要的。我所说的这些也许与今天的学问有些出入，我们不妨称之为"人生学"，一起来做一番更深入的"研究"吧。

但是，此次"研究"不用读书、做调查、使用机器仪表等，而是我们拿自己的生活来做一次试验，好好观察其中的现象，"研究"必须从这里起步。虽说是观察，但因为是自己的生活，所以掺杂一些个人的主观判断在所难免。有人抱怨这样做太复杂，也正因为如此，迄今为止这样的研究并没有被列入所谓"学问"的领域。但这次我不在乎这些，我要尝试把它作为一门崭新的学问来探索。

话虽说得漂亮，但实际内容也许很一般。曾有很多人带着烦恼来拜访我，对于这些来访者，我并没有很教条地告诉他们"人生之路应该这样走"，我只是想，对每一个来访者都应该给予足够的重视。在与来访者交谈的过程中，我把我发现的有关人生的诸多问题提出来，并且谈了一些我个人的想法。这本书就是对这些想法的归纳和整理。至此，我想大家应该明白，本书中所谈的内容不是放之四海而皆准的真理，如果读者朋友能够从中获得点滴启迪——一份关于构建人生框架的启迪，那么我写这本书的目的就达到了。

读者朋友没有必要拘泥于书中的顺序，只要翻看你感兴趣的部分，由此开拓你的思维和想象力，我就很满足了。如今是一个强调"活到老学到老"的时代，与年龄和性别等因素无关。"我的人生学才刚刚开始"——如果你能抱着这种想法阅读本书，我会由衷地感到高兴。

本书的内容选自笔者在不同报纸、杂志等媒体上发表的文章，全部涉及"人生学"，并按照条目进行了排列。本书的企划及编辑由讲谈社生活文化第三编辑部的森田雅子女士及竹内惠子女士负责。没有森田女士等工作人员的努力，就没有本书的出版。在此，我表示由衷的感谢。此外，对授权转载的报社及出版社，我也要表达我的谢意。

河合隼雄

1996年8月

第一章

家人——体验人生从"我的家开始"

如今，我们步入一个家庭关系十分棘手的时代。"孤家寡人的单身生活该有多惬意啊！"，与人交谈时，如此这般的感慨我已不知听过多少次。曾经有人向我诉苦：如果没有家人，我就能享受低保，一个人生活下去完全没有问题，但就是因为有家属在，我拿不到这份钱，他们也无法给我提供这样的生活保障。

我们曾经生活在这样的年代：家人们只有心往一处想，劲往一处使，齐心协力、相互扶持才能勉强"有口饭吃"。然而，如今即便没有家人，一个人生活也完全不是问题，刚才的例子足以证明这一点。而且，无须依靠低保来维持生活，这种情况还是占大多数吧。既然如此，我们为什么还要步入家庭呢？

那些害怕麻烦、只图轻松的人，我曾劝他们："如果真想那么轻松，不如死了算了。"活着本就不是一件容易的事，人生的韵味恰恰就在烦琐之中，一味轻松便捷的人生不免索然无味。拥有家庭虽然既费时间又费手脚，但是就此放弃家庭，拒绝品味其中的美好，不免令人感到些许遗憾。

科学技术的进步让当代人深信凡事都可以按照自己的意志推进。然而，家庭却是令人感到渺小且无能为力的地方。让哭闹的婴儿安静下来，做到这一点就非常不容易。通过构建家庭关系，我们会真切体会到世间存在一些事物，它们超越了个人的意志和能力，就此而言，家庭关系恰是让当代人感受宗教色彩的好机会。

事实上，向我倾诉家人所带来的烦恼、抱怨还不如一个人活得清净的来访者不乏其人。但一段时间之后——有人甚至需要经历相当长的一段时间——当发现家人存在的意义时，他们也就找到了自己人生的意义。家人，是不可或缺的存在。

1. 有助于培养自立精神的家庭关系

"家庭无用论"曾喧嚣一时。在很多人看来，如今生活高效运行，没有家庭的束缚，个人才能最大限度地享受属于自己的自由。有人以此为生活目标，也有已婚人士抱怨，由于家人的缘故，不能按照自己喜欢的方式生活。

然而，如今需要我们重新审视家庭存在的意义。究其原因，是对尽可能多、尽可能快、尽可能自由这些现代化生活方式的一种反思。随着科学和技术的发展，人类获得了许多东西，也正因为如此，人们忘却了"心灵""灵魂"等对自身极其重要的部分。

的确，由于孩子的存在，父母也许不能做自己想做的事情。可是，孩子有自己的思想和看法，他（她）是一个与你截然不同的存在，你要承担起做家长的责任。同时，你要知道，陪伴方式的不同，会给孩子的未来带来诸多变化。怎样与孩子有效沟通、和谐相处，思考这些问题，你才能切实领悟到"心灵""灵魂"的内涵。

人际关系是多种多样的，在上级与下级、商人与客人的关系中，指挥对方是可能的，也可以不把对方放在心上，认为不过是暂时的合作关系而已。然而，亲情关系并非如此。有一位来访者曾吐槽:"我那个已经和我断绝关系的儿子……"于是我告诉他:"即便断绝了关系,他终究还是你儿子吧。"改变这种剪不断理还乱的亲情关系,是家庭所必须面对的。相互之间既是独立的个体又保持着某种联系,做到这一点并非易事。如果我们每个人都能处理、平衡好两者之间的关系,那么,民族、国家之间的共生共存这种世界级的问题也就迎刃而解了吧。

随着科学技术的发展,人类不再畏惧神灵,认为自己已经无所不能、所向无敌了。但是,在亲情关系当中,科技无法发挥用武之地。科技不能让哭着的孩子安静下来,就此而言,我们可以大胆地说:"只有在亲情关系中,现代人才能更深刻地体会到某种宗教的味道。"面对家人,我们有时想逃避,有时想拒绝,但是,只有接受他(她),和他(她)一起生活下去,我们才能深刻体会到自己的"灵魂"经历了洗涤与锤炼。亲情关系是这世上所有关系的根基。

2. 倾听孩子的心声

孩子真正想要的是什么?有一件事情令我深思。曾有一位母亲,不断地给孩子买各种东西,关怀备至,倾其所有。孩子的必需品以及想要的东西，母亲全部事先准备好。然而，万万没有想到的是，这个孩子偷了东西。母亲接到警方的电话匆忙赶到，她惊慌失措，六神无主，想给孩子的父亲打电话，却慌得连电话号码也想不起来。看着电话前呆若木鸡的母亲，孩子扑上去抱住她，两人泣不成声，手紧紧地握在一起。

这件事情让母子关系迎来了转机。这个孩子后来谈到，他在那一刻终于明白母亲真的很爱他，什么事都要未雨绸缪，提前准备好。对于这样的母亲，他一度认为她很会操控摆布自己，凡事都得按照她的安排进行。但是，母亲因为孩子的过失方寸大乱，什么都做不了，呆呆地杵在那儿，见到此情此景，孩子才真正体会到母亲对自己的爱。

这件事很有象征意义。与给予和付出相比，什么都做不了、呆若木鸡地站在那里，孩子却从中体会到了母爱。此时此刻，母亲真的什么也没有做吗？母亲为孩子提前做准备的时候，她的脑筋转得很快，行动也很迅速。可是，呆立在电话前的那一刻，她也许头脑空空、手脚僵硬。但是，她的灵魂却在战栗、在摇摆。

孩子们需要的，是大人们灵魂的震撼。

接触戏剧、电影等文艺作品有助于我们成长。作品越是精彩，我们就越是投入，达到一种"忘我"的境界，从中汲取营养。

但是，"忘我"其实是一件很恐怖的事情。要达到这种境界，首先要有一种不顾一切的牺牲精神，同时，也要有人能在关键时刻出手相救。经历生死会让人走向成熟，不顾一切地投入其中，被理解、被接纳的经历会让人更坚强，将"忘我"真正融入自己的生命中。

然而，问题在于，现在的孩子缺乏这种经历。所谓"接纳"，简而言之就是有人对你说"我喜欢你的全部"。如今的父母却只"喜欢聪明的孩子""喜欢老实的孩子""喜欢孩子睡着的那一刻"。如此一来，即便孩子全身心地投入其中，也很难体会到自己被接纳、被包容。孩子聪慧与否是父母关注的重点，他们的身心状况被置之一旁，这种行为方式并不是对孩子毫无保留的接纳。

3. 为了给孩子带来真正的幸福

现在的孩子已经不再打架。当然，使用武力不是一件好事，但是，小孩子之间打架、对峙，对建立与他人交往的规则而言却是有益的。它能让孩子懂得动手时用多大的力量会使对方受伤，对方又会以何种形式回击。我的专业是临床心理学，经常有人来找我探讨家庭内部的暴力问题。诉诸武力的孩子往往是那些曾经很乖、很好的孩子。原因就在于，他们在家庭中一直被约束着不能做"坏事"，而这种约束的反作用力就是，某一天孩子突然想发泄心中的不满时，就会失去控制一下子全部爆发出来。

曾经，有一个高中男孩某天突然不去上学了。他本人也觉得应该去学校，尽管如此，到了早晨他还是感到两腿发软走不动。他的父母非常焦虑，却不知该如何是好。他不仅不去上学，甚至昼夜颠倒，白天一直在睡觉。忍无可忍之下，他的父母去拜访了专门提供咨询服务的机构。

据说，这位父亲只念到中学毕业就不得不参加工作，吃了很多苦。经过一番努力，他终于开创了自己的事业，而且干得不错。他不想让儿子再去吃苦，希望他有一纸大学文凭。于是，从小学开始他就给儿子请了家教，为儿子百般着想。他认为，这样一来儿子就不会受苦，一定能获得幸福。然而，孩子不懂父母的一番苦心，不肯去学校，一味偷懒怠慢，父亲不免伤心失望。

我曾想，父亲为孩子所付出的努力，是不是真的能给孩子带来幸福？那位父亲的本意是"不想让儿子吃苦"，他自己初中毕业后就工作的确很辛苦，但是，强行给孩子安排家庭教师、逼着他学习，难道孩子就不辛苦吗？当然，也许孩子有必要吃一点苦，但无视他的个人意愿而把某些事情强加给他，作为一个人而言，这才是最痛苦的。

实际上孩子也是复杂多元的，也有刁难他人、不怀好意的一面。把这些丑陋的一面付诸行动，随后以失败告终，通过这样的经历，孩子才能真正成长为社会所需之人。而这种成长体验却被父母封杀了，他们一心只想培养所谓的"好孩子"。因为对父母而言，这样更轻松、更简单……

告诉孩子不能打架，不可以说谎，每天唠叨个不停，这样做其实很容易，忍着不说反而比较困难。也就是说，眼看着孩子做错事、经历失败，见证他们作为社会的一员不断成长，对父母而言，想做到这一点，首先需要战胜自己，需要克制和忍耐，克制自己想不断告诫孩子的欲望，这一过程需要花费很大的心力。

4. 父亲和母亲都要对自己充满信心

父母的管教整齐划一，无所不在，而且管控严格，在这种家庭中生活的孩子是很危险的。与此相异，生活在比较宽松的环境下的孩子反倒不会让人太担心。比如说，父亲提醒孩子"别做没规矩的事儿"，他自己却歪歪扭扭地躺下就睡，在这种环境下生活的孩子是比较让人放心的，孩子可以从中领悟到人生的复杂多样。

又比如说，我小的时候，从大阪到东京坐"超特急"列车需要花六个小时，这是常识，但是现在完全不一样了。再举个例子，小时候大人告诉我们要节约纸张，背面没有用过的纸不要扔，要保存下来，这也是常识，如今这一点也发生了很大的改变。

时至今日，父母当年教给我的很多常识已经没有用了。然而，我会为此嘲笑他们、憎恶他们吗？绝对不会。

常识说到底也只是常识。它既不是绝对的真理，也不是神灵的命令。在掌握常识的情况下生活，与完全被常识左右是不一样的。如果被常识牢牢束缚，那么一旦常识发生变化，就会不知所措，同时也会丧失创造性。

把常识仅作为一般性知识加以了解，一方面，这样做可以有效保护自己与他人，远离不必要的伤害；另一方面，也让我们有能力应对新变化。

如此说来，现在的父母也应该大胆地把常识传授给孩子，无须犹豫不决。

常识不是强加硬灌就能让孩子掌握的，它必须通过言传身教才能为下一代所接受。如今的问题在于，家长和孩子一起度过的亲子时光、那些言传身教所需的共享时间，实在少之又少。

这并不意味着过去的父母与孩子能长时间待在一起。关键在于，父母究竟能拿出多少时间，放心大胆地教给孩子常识。

父母教给孩子常识，并非让他们百分之百地按照父母的常识来活。常识的内容会发生变化，所以父母教给孩子的其实是一种生活态度，即生活需要常识。说来说去，我想强调的是，如今的父母也应满怀信心地把自己的常识传授给孩子。或许有人要回敬我一句："那不是常识吗？"

日常生活中，不要忘记给孩子一些自由支配的时间，中小学的时候让他尽情地玩耍，即使成绩有所下降，我还是希望父母能忍一忍，不要开口就训斥他们……

对于信息，我们需要格外关注。比如说，有一家商店，别的店铺100日元出售的东西他们卖90日元，这就是一条信息。意味着如果在他们那里买，可以便宜10日元。

此时，我们把这条信息准确传递出去就足够了。然而，父母与孩子的关系不同于买东西，人与人之间心灵的沟通是说不清、道不明的。父母与孩子之间的水乳交融，不会因为某个信息而发生改变。

如今是一个信息社会，大家都认为第一时间抓住好的信息就能获益。而在处理父母与孩子的关系上，却不是获取信息的问题，必须自己想办法解决。人们总觉得一定有好的方法，希望能早一点掌握，但问题在于，我们没有现成的答案。

因此，每当有父母问"老师有没有什么好办法"时，我总是说："唉，我也不知道！"（笑）

不理解孩子的所作所为，此刻，需要我们静下心来好好思考。如此一来，父母就能意识到自身的问题，对孩子说一句："有些东西爸爸妈妈也不太懂，我们一起来探索吧。"这意味着父母与孩子告别了以往那种"对与不对、训斥与被训斥"的相处模式，他们在共同成长。父母也会在这一过程中，重新思考人生的许多问题，诸如生与死等。有一天，孩子也许突然会问：为什么要在公司里那么辛苦地工作，迟早不都得死吗？

5. 不能安逸于感觉良好的母子关系中

家就像母亲，包容一切，父权制曾是它的根基。但是，如今父权制已消亡，家的母性色彩显露无遗，这一点格外引人注目。我认为这种极具母性色彩的东西是靠家长式的管理来维持平衡的。

过去日本的教育凸显的是母性原理[1]，也就是要和大家保持一致。遇到自己想做的事情，不能立即行动，要忍耐，要和大家保持一致。留心他人的举动，是日本曾经施行的教育。家长对这一点也会严格要求。因此，虽然家长的严厉态度充满父权色彩，但其背后真正发挥作用的是母

---

[1] 河合隼雄所谓的"母性原理"，即把一切作为整体来看待，强调一种包容的态度及绝对的平等，注重某种平衡状态的维持。与此相异，所谓"父性原理"，强调"分割"功能，即对善与恶、刚与柔等一切均加以明确区分，重视个体之间的差异。本书注释均为译者注。

性化的东西。然而，这种充满母性色彩的伦理道德已经开始松动，如今的孩子也就不清楚到底该怎样做。因此，作为父亲，首先要立规矩，不要非打即骂，孩子又不是做了什么天大的错事，这一点至关重要。之后，就算你把孩子扔在一边不管不问，他们也能明白自己该怎么做，我们应该相信孩子。

有些母亲教导孩子什么都要说给她听，只在她面前不保守任何秘密。我却觉得，孩子非常重视自己的秘密，很想维护彼此之间的信任和荣誉，母亲却对此所知甚少。

尽量不让自己的孩子体会疼痛和难过，做母亲的总是这么认为。看到孩子流泪，父母的心里不是滋味。但是，我认为人的一生中总会有一些不得不忍耐的事情。对于愤怒和悲哀能给自己带来多么大的力量，这一点最好让他们在孩提时代就有所领悟。

现在，日本女性陷入了一种自我矛盾之中。那些传统的、富于母性色彩的东西，她们割舍不下，但考虑到自己的人生，又想把旧式的伦理道德统统否定。以至于有些妈妈暂时把婴儿锁进投币式储物柜里，安之若素。因此，我觉得现在的年轻人陷入了极大的自我矛盾之中。

6. 重新思考父亲存在的意义

有一个高中生,他平时很少和父亲说话,有一天却对刚进家门的父亲说:"我想要一辆摩托车。"父亲认为骑摩托车比较危险,同时觉得这个要求提得有点突然,于是回答道:"你说得太突然了,办不了。"儿子却出人意料地坚持要买,一会儿说自己真的非常想要,一会儿又说同年级的某位同学已经有了一辆,等等。最后,父亲还是认为不太合适,但考虑到孩子的心情,他敷衍道:"好吧,我再考虑一下。"

父亲就此把这事儿放在了一边,几天后儿子又问:"爸,您考虑好了吗?"父亲认为儿子大概已经明白了自己的想法,孩子却以为父亲会"再考虑一下",他甚至觉得"爸爸说要给我买辆摩托车"。

这样的对话持续了两三次后,儿子认为"他说是要考虑,可实际上想都没想过"。有一天,儿子突然动怒,甚至最终差点酿成暴力事件。事情或许没那么严重,但父子之间这样的隔阂还少吗?父亲所谓的"我考虑一下",实际上是一种委婉的拒绝,孩子却不这么想,他按照字面的意思来理解,认为父亲会持积极态度。

相比之下，欧美是一个以父性原理为基础的社会，而日本则是一个母性化社会。很久以前我就提出这样的观点，如今也获得了普遍认同。拿刚才的例子来说，父亲是遵循母性化原则来行事的，即包容对方。他心里清楚不能满足孩子的要求，却又无法明确拒绝，于是随口说了一句"考虑一下"。可是问题在于，母性化社会中极为重要的"察颜观色"，在孩子那里是行不通的，他只是一味地提要求。

家庭及校园内部暴力事件频发，有人认为原因之一是日本的父亲普遍比较软弱。话虽如此，但"做父亲的就应该强硬起来，过去那个年代的父亲都非常厉害，现在的人要好好效仿"这样的想法也是错误的。父亲形象强硬或软弱、宽松或严厉，拿这种简单的标准来判断，是对问题本质的误判。时至今日，任何事情都有它的多面性。

从前借助社会制度及伦理道德发威的父亲，上述例子中依据个人判断对孩子的请求予以否定的父亲，虽说两者都态度强硬，但他们却是不同的，希望大家注意到这一点。孩子们无意识中渴求的，是一种基于父性原理的父亲形象。而父亲拥有的刚毅品质，却是在母性社会历练出来的。虽然这份刚毅和坚强在社会中发挥作用，但回到家中突然让他们按父性原理来处理问题，做到这一点其实非常困难。

在此，我提到父性原理、母性原理这些复杂的概念。其实仔细想一想，父亲形象的多元化难道不是理所当然的吗？不仅有强硬的父亲，还有严厉的父亲、可怕的父亲等很多类型。软弱的父亲也未必就应该受到责备，有时，在软弱之中我们也能体会人间的温情。

只要能赚钱养家，就算尽到了做父亲的义务，这种想法已经过时，当代的父亲应该是多面手。公司的事情已经让人疲惫不堪，回来还要考虑家里的琐事，对此你也许觉得不堪重负。但是，通过处理家事，孩子们会让父亲的人生更丰富多彩，这样一想你的态度就会发生转变。按照父性原理处事，这在公司是办不到的，但是在家中不妨尝试一下。总之，父亲的形象已多元化，什么是最佳的父亲、其意义何在，思考斟酌这些问题，是十分必要的。

7. 当代对父亲提出的要求

从前，在社会制度和传统观念的庇佑下，父亲在家庭内部拥有绝对的权力，这种绝对权力不是个人遵循"父性原理"的强硬表现。因此，战后那些保护旧制度和传统的东西消失后，父亲软弱的一面便显露无遗。换句话说，父亲本就软弱无能，只不过如今完全暴露出来了而已。

问题在于，从某种意义上讲，父亲虽说是父亲，但他的思维方式、行为规范依照的却是母性原理。这一点导致了一些复杂情况的出现，即有些父亲虽然表现出坚强和硬朗，但他的思维方式却是基于母性原理的。

出色的父亲往往会让周围的邻居感到压力山大（笑），固执的父亲尤其如此。因为他们不服输，积极向上。其结果就是，孩子也会像父亲一样倔强刚毅。

旁人的眼光姑且不论，对自己的角色分工看得越清楚，做父亲的就越明白自己的不易，自己所做的一切最终都会输给孩子。如果自己用的是算盘，孩子用的是计算机，那么自己就输了。再说种地，孩子使用的是耕耘机，这场比拼父亲注定失败。换言之，如果以会做什么来分胜负，做父亲的没有取胜的希望。但如果提到"我是谁""我坚持下来了"等，获胜的就是长者。别的不提，父亲比孩子更接近死亡。所以关于死亡问题，父亲要理解得更深刻透彻，决定胜负的关键就在于此。

在日本与欧美社会，父权都是强大的，但其出发点并不相同。日本往往从家庭的角度出发，而欧美看重的是"个人"意义上的父权。

在西方，父亲座位的背后是基督像，因此"父亲"不仅意味着要向孩子传授技术，还有其他意涵。举例来说，餐桌上切面包是父亲的职责，每次都由父亲来做这件事。这种情况下，即使大家不把对父亲的溢美之词放在嘴上，也足以确立父亲威严的形象。

8. 构建人格独立的亲子关系

将母性原理和父性原理融为一体，这一点十分重要。话虽容易，但如果仔细思考一下日本文化的特点，首先想到的还是母性文化。去亚洲各国走一走，你就会明白其他国家的文化比日本更具母性色彩。因此，我想日本大概是居中的（就全球而言），所以才能比亚洲其他国家更易于吸收西方文明。

日本人在母性原理中发掘父性的存在，这绝非易事。美国则在父性原理中寻找母性的要素。两者虽截然相反，但呈现形式却有相似之处。我的另一个假说是，过去的日本家庭是大家族而非核心家庭，母子关系靠父女关系来保持平衡。因为是大家族，所以祖父彰显的是父性原理。双亲有着母亲般的体贴，这种体贴与祖父发挥的父性原理一起，构建出平衡的家庭关系。

日本和美国，哪个国家的亲子关系更亲密？这个问题不是三言两语能说得清楚的。我在普林斯顿大学和学生交谈时，他们告诉我放假后"能和许久不见的家人重逢，特别开心""期盼假期能和家人一起去旅行"，等等，这与日本学生的想法大不相同。在日本，如果你这样说，别人会认为你还没有自立。多数日本学生的反应是："我才不想和父母一起去旅行呢。"

当然，我们不能因此就说美国的亲子关系比日本更亲密。举例来说，父母虐待子女事件最近在日本时有发生，这类问题美国远比日本多，不仅如此，孩子无家可归的现象美国也更多一些。

在我看来，与其讨论哪一个国家的亲子关系更亲密，不如把重点放在思考其性质的差异上。日本社会更看重父母与子女心心相连、同心协力的情感。而在美国，人们认为即便在亲情问题上也要以尊重个人为前提。因此，美国的父母在孩子很小的时候就注重把他作为独立的人来教育培养。至于这种教育的严苛程度，很多日本人并不了解。

曾经有一位中年女性到我这里做咨询。她刚搬好家，新居装潢华丽，设备齐全，她却患上了抑郁症，对生存看得很淡。原因何在？在新家，丈夫和孩子都有自己的房间，非常舒适，吃完晚饭后，他们会回到各自的房间。家人们不再在客厅停留，他们从这位主妇的视线中消失了。每个人的房间里都有电视，争抢频道的事情也不再发生。这样一来，家人之间的谈话没有了，争吵也不复存在。他们建造了西式的房子，家庭关系也就此疏远了。

这就是迅速致富带来的后果。西方人其实非常重视客厅这一空间，对此我们存在误解。虽说每个人都有自己的房间，可若无特殊情况，他们不会总待在自己的房间里。日本的孩子都给自己的房间上锁，待在里面不出来，这在西方人看来是无法想象的。我们只是一味在形式上效仿欧美，他们推崇的生活方式我们却视而不见。

所谓"欧美的生活方式"，是他们深深懂得每个人奋斗的艰辛。因此，他们互相依赖。日本人却没有受过这方面的训练。

父母与子女之间的情感纽带，令人不可思议，绝不是轻易就能割舍的。让这种剪不断理还乱的情感延续下去，这才是亲情，难道不是吗？如今，一切都趋于统一化、去个性化，在这样的大趋势下，也许有人质疑亲情的合理性，但是无论如何，人们只有在亲情关系中才能展现真实的自我。而在一般性社交中，我们看重的是使其顺利发展下去，仅此而已。

但是，这种社交的顺利进行，需要我们克制、压抑自己的情感，因为这种交往只允许我们展示自己的一部分。而家，才是全方位展示自己的舞台，即使想藏也藏不住。

9. 重新思考家庭意义的时刻已经到来

从历史的角度来看，家庭固有的一些特性已逐渐淡化，取而代之的，是国家、地区带来的一些新特征，甚至连生与死也渐渐从家庭中剥离出来，具有了社会性意义。

今后，家庭是一直朝着这个方向迈进，还是需要我们重新思考它的意义？美国也迎来了一股叶落归根的热潮，这股热潮的出现，是否意味着人们开始重新认识作为生命起点的家庭？还是他们觉得，老人就应该独居，应该进老人院，"老人和年轻人一起生活"这种想法并不靠谱？大家在反思这些问题，即便并不简单。

如今，大家都在做一些尝试，尝试着离开家庭独自发展，但效果不佳。苦与乐其实是互为表里的，既然如此，组建家庭，大家同甘共苦、命运与共，不是更好的选择吗？我想大家会思考这一问题。实际上，这样的思考在美国等地已经出现了。

我儿时的家、我做了父亲之后的家，对比两者，似乎变化了许多。但我觉得，其中也有一些东西不曾改变。那些不曾改变的东西是什么？我找不到合适的语言来回答。反复推敲之后，突然想起父亲经常说的一句话："尽自己的本分。"我觉得这句话比较贴切。其精彩之处在于，虽说每个人都应尽自己的"本分"，可究竟什么是"本分"，需要我们自己去寻找。也就是说，即便你的想法和行为方式与他人相异，但只要你认为这是自己应尽的"本分"，就足够了。

回忆起父亲曾说："该玩的时候就尽情地玩。"这时

"玩"就是你的"本分"。虽然看上去家里的每个人都随心所欲，各行其是，但实际上大家都在尽各自的"本分"。这个道理似有若无，好像很难把握。但我觉得，我已经把这种模式延续到我组建的家庭中。

如此想来，我年近六十才懂得欣赏的一位名僧明惠上人[1]强调，"做人应有自己的态度"，说的大概就是这个意思。所谓"做人应有自己的态度"，就是扪心自问，自己该做什么，而不是外界教育你该如何做。这个道理相当深刻。从旁观者的角度看，也许这家人缺乏统一的观点和主张，但实际上他们拥有共同的内核——经常追问自己究竟该做什么。

在家庭中，二进制是行不通的。它不同于做或不做、去或不去，不是简单的二选一，它要求的是相对模糊、相对复杂的解决问题的办法。如今是一个讲究科学的社会，将二进制作为思考问题的基础，我们在这样的社会中生活，只有回到家时，才能明白究竟哪里能体现人性，体现我们作为人的特点。现代人凡事都讲究效率，按照这个标

---

[1] 明惠上人，日本镰仓初期的高僧，重视戒律，华严宗中兴之祖，创建华严宗中心道场高山寺。

准来衡量，老人不是效率低，就是把家里弄得乱七八糟，和他们共同生活是一种损失，相比之下，还是自己过日子比较轻松——大家会这么想。但是，也有人开始重新审视这些负面因素，用一种积极的眼光看待它们，人性正是在这里被认可、被承认的。

10. 家庭关系映照着生活方式

家人之间的交谈其实很困难，对此大家似乎所知甚少。真正的交谈，势必触及对方的短处，抑或暴露自己的弱点，这是很不容易的。而且，有话不直说，相互揣摩对方的心思，是我们日本人的传统。所以，如果有人突然想和我交谈，其实很不容易。但是，如今这个时代要求我们在家也要进行交流。如果缺乏足够的认识，那么家人之间的交流就无法实现。

如今，因亲情问题找我们这些心理医生的人有所增加。还有一种情况，有些人看似在谈自己的问题的，但要解决，就必须改善他与家人的关系。亲情之所以会出现问题，很多人都觉得是家人做得不好。也有人觉得，出了问题丢人现眼。其实，事实不是这么简单。在当今这个时代，每一个家庭都存在这样或那样的问题，对我们来说，重要的不是讨论问题是否存在，而是我们该如何去面对。

如今，只要你有足够的钱，一个人生活也许最便捷。甚至有人认为，"家人"的存在令人生厌，还是不要为妙。的确，这种看法有一定道理。可是，如果一味贪求方便、舒心和安逸，与其指责家人，自己一死了之才是上策。

活在世上不易，无论好与坏，创造机会让我们体验这一切的，正是我们的家人。

第二章

人际关系——领会若即若离的妙处

人际关系，有时令人感到愉快，有时又会令人烦恼。缺少时令人寂寞，有了又会让人烦心。人，依靠与他人的交往成长或堕落。

思考人际关系时，大致可把它分为两类。一种是谈不上所谓的"关系"，亲近得像一个人一样，甚至都没有必要进行语言交流，刚出生的婴儿与妈妈就是这种关系的典范。与此相对，第二种情况是双方原本互不相识，后来经过交流，建立了某种交往。日常生活中的人际关系是上述两种情况的综合体。

对于这两种人际关系，人们褒贬不一，各有所向。比如说，倾向于第一种人际关系的人，会把其他人际关系说成是"见外""生分"。而倾向于第二种人际关系的，常会指责第一种人际关系"不尊重个人"。

有人对"自立"缺乏深刻的理解却对其给予高度评价，他们认为第一种人际关系不够成熟，那些依靠言语构建的人际关系才是高层次的。我不这么想。我认为两者都非常重要。让两者共存，我们才能真正领悟到人际关系的价值和美妙。

一体式的人际关系被视为是不成熟的，遭到大家过度的批判和舍弃，这是现代社会出现各种问题的根源之一。保持这一关系的同时，思考如何构建理性的人际关系，是当代人的课题。

11. 学会尊重对方

人际关系最初建立在母亲与孩子之间。但是，究竟能不能称之为"关系"，大家对此表示怀疑。因为说到底它是一种一边倒的关系结构。

换句话说，新生儿在各个方面都要依靠母亲，他们会觉得母亲与自己是统一的，不是独立于自己之外的个体。同时，母亲也把孩子视作自己的一部分，抱着他们、养育他们。这种母子一体的感觉，并非仅限于日本，它是全世界共通的，是人际关系之本。

打破母子一体这一感觉的，是父亲。孩子通过父亲意识到"他人"的存在，从亲密无间的母子关系中走出，与他人接触。与他人交往，必须遵守某些既定的规则——这一点孩子是通过父亲获得的。因此对孩子而言，父亲是社会规章的体现者，是违反规章时实施处罚的可怕的人。但同时，只要孩子遵守规则，父亲也会给予表扬，教给他们步入社会所必需的知识。

以上是一个简单的描述，展现了父母所发挥的作用，它是人类生存的基本原理。也就是说，母性原理的主要作用是"包容"，容忍一切，所有的事物都是绝对平等的。与此不同，父性原理的主要特点是"切断"，如同打破母子间的一体感那般，把所有的一切进行分割，按照主次、好坏等标准分类。母性的特点是平等地对待所有的孩子，父性的特点则是按照个性能力进行区分。这两个相互对立的原理，如果只有一方存在，显然是不完整的，只有两者互补才能充分发挥作用。话说起来容易，然而大多数情况下，往往是一方占据优势，另一方不是被压倒就是被忽视。

在日本，如果你做了与众不同的事情，或者单独行动，那是很危险的。你必须和大家步调一致。尽管如此，这并不意味着日本人没有个性，不考虑自己的事情。只不过他们首先考虑的是和大家保持一致，在此前提下，做自己想做的事情。

而在西方，他们首先考虑的是自我，而后才试图与他人的交往。

无论如何，首先要合理地、有逻辑地思考问题，然后把自己的想法恰到好处地传递给对方，这一点最重要。每个人都有自己的想法，把自己的想法准确无误地传递给他人，这似乎是理所当然、顺理成章的事。然而事实上，即便是日本的学者，能真正做到这一点的，恐怕也是少之又少。

12. 从人与人的关系中得到的感悟

兄弟姐妹之间的争吵打闹恐怕给每个家庭都带来不少烦恼。兄弟姐妹少，而且有的去培训机构上课，有的去练钢琴，忙得连吵架的时间都没有，这种情况另当别论。兄弟姐妹之间的摩擦、争吵，实际上是在锻炼怎样与他人相处。没有争吵，就等于夺走了孩子锻炼的机会。对小孩子而言，打打闹闹是一个必要的学习过程。

曾经有一名大学生，他有很多难言之隐，到我这里做心理咨询。我们连续见了几面之后，他回家待了两三天。我接到他父亲打来的电话："听孩子说，您让他受益匪浅，您是如何教导他的呢？"起初，我还感到有些纳闷，原来，和从前相比，儿子的态度发生了很大转变。以前儿子每次回家时，只在电话中通知父亲几点到站，于是这位父亲就驱车去接儿子。把行李拿上车后，儿子只会一声不响地坐到座位上，之后父子一起回家。以前一直都是这样，而这次的情形令父亲出乎意料。

父亲到车站去接儿子时，儿子对父亲说了句："老爸，谢谢！"父亲想给儿子拿行李时，儿子又说："我自己来吧。"坐到座位上之后，儿子冲父亲说："老爸，辛苦您了。"面对这一切，父亲惊讶不已，随即给我打来了电话。"老师，您是如何教育我儿子的？"他很想知道其中的原因。

其实我并没有做任何辅导，只是用心地听了这位学生所说的话。一开始他告诉我:"没有人比我父亲更冥顽不化。"而后他就把父亲的缺点一点一点拿出来抱怨。最后他竟说:"这种老爸,还是不要为好。"于是,我一遍遍地重复着他那句"这种老爸,还是不要为好"。他听后沉默良久,之后小声嘀咕着:"可我的学费和生活费都是我爸出的。"然后陷入沉思。交谈过程中,儿子一点一点看清楚了自己的父亲。在这之前,他一直认为,父亲和自己的关系紧密得就像一个人一样,父亲所做的一切都是理所当然的。而当他一点一点抱怨父亲的缺点时,他与父亲之间就产生了距离,从中他感受到一个独立于自己之外的父亲。如果把父子之间的交往视为一种普通的人与人之间的交往,那么父亲驱车来接自己,说一句"谢谢"是理所当然的。

13. 避免片面、浅层的思维

要想真正理解对方,关键在于面对彼此时能否敞开心扉。我有一个朋友,有一次她亲戚家的孩子过生日,我买了连环画册带过去,念给那个孩子和孩子的朋友听。她亲戚的孩子听得全神贯注,而另外那个小朋友却说"我知道这个故事",还不停地插嘴。如此一来,我从一开始就对那个孩子没有好印象。当我读完那本连环画时,那个小朋友却说"再读一遍吧"。刚才不好好听,这会儿又要让人再读一遍,正当我为此感到困惑时,他又说:"这次读给我听吧!"

"多讨厌的孩子,家庭教育一定有问题",如果你这么想,说明你还停留在浅层封闭型思维阶段。孩子感觉到刚才你没有把注意力放在他身上,所以他才不停地插嘴,由此你对他产生了不好的印象,其实问题出在自己身上。"哟,原来如此,这孩子多敏感啊!",如果能意识到这一点,就意味着你步入了开拓型思维阶段,即一种更具发展潜力的理解方式。要做到这一点,你必须始终坚持敞开心扉、接纳对方。要想做到恰到好处,也就是说,既不放纵对方,也不抛弃对方,需要长时间的锻炼。

在日本,人际关系基本以彼此之间的同心协力为前提,医生与患者之间也是如此。然而,一旦医生告知患者得了癌症,医患之间原本携手合作的关系就被切割开来,因为医生是生存者,患者却在走向死亡。患者被明确告知病情,因而受到很大打击。原本大家同在一个战壕,此时却感到自己仿佛被遗弃,这种感觉会使患者陷入孤独,不堪忍受。在西方,人们从小就接受训练,学会忍受孤独,而对日本人来说,一下子置于这种状态,会感到一种难以言说的痛楚。

这种情形在患者及其家属之间也是一样的。如果患者的家属告诉他:"你得的是癌症。"患者往往会觉得家人的心已经不再和自己在一起了。患者有时会说"我得的是癌症,没错吧,我都明白""再骗我也无济于事啊",等等。表面上的确如此,但实际上,他是在确认自己与家人之间同舟共济的感觉是否还在。因此,虽然家人说的是谎言,但患者会通过这些谎言证明自己没有被家人抛弃。于是,他表面上抱怨着"你们想骗我,可我都已经明白了",但在内心深处感受到的是欣慰和安然。

尽管怀揣着善意参加公益活动,但如果你真的想把公益活动做得有意义,需要深思熟虑,同时反思自己的表现。今后,我们需要创建一门志愿者学,或者叫志愿者组织学(姑且称之为一门学科,但如果不具备实践意义,就没有存在的必要)。在这门学科中,有必要对人际关系进行详尽的探讨。

14. 仅靠漂亮话无法理解问题的本质

因为语言的存在就认为相互理解不成问题，实际上，这是一种错觉。事实上，人类既没有这种理解力，也没有形成一种能完全相互理解的人际关系。

和那些欺负别人或被欺负的孩子交谈时，我常常听到这样的故事。一个中学生，当他（她）被一伙人殴打时，最后在忍无可忍的情况下猛地扑到这伙人的小头目身上，不顾一切地拳打脚踢，那个小头目却说："你挺棒的，交个朋友吧。"自此以后，这个中学生不但不受欺负，反而成为这伙人的朋友。不论在男生还是女生中间，都有这样的故事。

从中我感受到的是，"直到这一刻，他们才找到了真正的人际关系"。当中学生扑向小头目时，他（她）心里没有任何打算，也没有想过会导致什么样的后果，只想和对方一决胜负，把作为人的尊严当作赌注。对方最终认可了他（她），愿意和他（她）成为朋友。换言之，对方愿意和他（她）保持交往——一种人与人之间直截了当的交往。

之所以说"直到这一刻"，是因为所谓"直截了当的人际关系"，超越了所有的盘算和有意而为之，不用特意将对方带进厕所拳脚相加，也能够建立起来。但是，我也知道如今建立这种人际关系有多难，所以面对这些欺负别人和被欺负的孩子，我不会不分青红皂白地训斥他们说"这样不行""给我住手"，我做不到。

不去思考要做些什么，而是用心体会"无为"的高妙，我们应该抱着这种心态与老人交往。想要做些什么，这是青年人的想法。以这种想法为基础的人生观，在现代社会中是前卫的。但当你变老时，依然抱着这种富于青春气息的想法，就会碰壁。在我看来，只有当小孩、女性、老人等不同人群的想法和思维方式都融入社会时，人们才能活得轻松。

话说得越干脆、越明确，就越富于逻辑性，而这恰是令人感到为难之处。如果有人问："你到底做了些什么？"在一整套理论面前，也许说不出个所以然。但是，如果从人际关系或当事人的幸福这一角度来考量，理论框架越清楚，反而越说不明白，对此大家还不太清楚。尤其是在进行批判时，媒体往往运用明确的理论框架进行攻击，文章写得确实漂亮，但实际上有许多地方不符合实际情况。对此，我希望新闻记者能认真思考一下。

15. 建立没有束缚的自由关系

假设吃自助餐时，突然看到了一位朋友，虽然想走过去和他聊几句，但是如果此时他正在和别人说话，就算我们已经走到了他的身边，也只能静静地站在一旁，等待他们谈话结束。两个人交谈时，如果有人突然插进来谈论其他事情，这两人会感到很不舒服。拜访他人时，如果不是特别亲近的关系，我们不能随意前去，而要先打声招呼再登门。总之，突然闯入，是非常不礼貌的行为。

然而，这种突然闯入的方式却为现代社会所包容，你注意到这一点了吗？它，就是电话。有一次，我正在公交公司预约车票，突然有一个电话打进来，也是预约车票的，于是办事员让我等一等，他先办理那个打进电话的预约手续。这不是突然闯入吗？如果我在办理手续时有人要越过我抢先办理，这位工作人员大概不会理睬吧。但在我们的社会中，电话预约把持着不正当的优先权，难道不是这样吗？对此，我们有必要好好思考一下。

每次去洛杉矶，在那儿散散步，就会有种说不出的"轻松"。离开日本时还觉得心情沉重，可一踏上欧美的土地总能感受到这份轻松。该如何形容呢？最贴切的语言，恐怕就是所谓脱离"羁绊"后的自由自在吧。在日本生活时或许我们还意识不到，但实际上这种束缚、这种羁绊，力量非常强大，它是由物质和心灵混合而成的。

我想起在机场碰到的那些日本人，他们手里提满了礼品。日本人的交往到底是心灵的交流，还是物质上的来往呢？

16. 在争执中领悟彼此间的距离感

说到争吵打闹，我们小时候有决斗一说。其中有一定的规则，当一方空手上阵而另一方手持棍棒时，即使拿棍棒的人获胜也得不到大家的认可。虽然这种决斗不值得标榜，但它体现了年轻人的血气方刚和意气风发，因此有一段时间还是获得了大家的默许。

当我们的生存受到威胁时，与之搏斗是理所当然的，绝不应受到责备。就此而言，孩子之间的争吵和打斗，同样是他们表达自我的行为。

想拿别人的东西，这种冲动谁都会有。但是如果拿了，犯的是小错还是大错？或者说，绝对不能拿东西？对此必须严加区分。为此，有必要从孩提时代就积累一些犯小错误的经历。

争吵打架也是一样。近来，家庭及学校内部的暴力事件已经成为一个社会问题。我想，如果他们从小时候起就有小小的争吵和轻微的较量，今天就不至于发展成为暴力事件，给社会带来严重的影响。因为，他们早已懂得使用武力的限度。

17．努力改变冷漠的人际关系

当代人想通过"断绝人际关系"来获得"自由自在"的生活，这种渴望是不是已经超过了合适的"度"，变成一种执念呢？简单地说，当你想享受牛排的美味时，这头牛此前的生活状况（饲养的人，屠宰的人，做牛排的人）也会与你产生某种关联，但是，此刻为了享受牛排的美味，你丝毫不去考虑这些。在交通事故中，受害者和肇事者之间展开对话非常困难，因此，一般会委托保险业的人士或律师代理。狗或猫生幼仔时，也是交给保健所照顾的情况居多。

这一切你都没有感到不妥，只是一味追求如何断绝人际交往。然而，有一天当你突然意识到自己完全处于孤独之中时，难道不会感到不安吗？生病了有医生，肚子饿了去餐厅，这样说来我们并不孤单，我们生活得很方便。然而，它也带来了人际关系的淡薄，不是吗？

有一位父亲，他因为儿子不去上学苦恼不已。他对我抱怨说："当代科学技术这么发达，只要按一个按钮人类就可以登上月球，难道就没有一个按钮能让我儿子上学吗？"也就是说，他在询问有没有能让孩子去上学的"科学方法"。一席话充分展示出当代人的思维方式，足以令人深思。

正如这位父亲所言，随着科学技术的发展，人类确实把许多事情变为了可能，而且厉害之处在于它还具有某种普遍性。无论是谁，无论何时，只要按命令行事，就一定能如愿以偿。这就是"按一个按钮就能把你送上月球"的必然性吧。但是，这些科学方法是有前提条件的，那就是操作对象和"我"彼此分离，"我"把它纯粹作为一个客观事物来对待。由于把它作为一个相对独立的事物来观察和操作，其中自然会孕育出一些带有普遍性的手段和方法，这些手段和方法无论在谁那里都通用。

因为这样的方法很方便，所以不仅适用于物，甚至也适用于人。比如，发生交通事故时，保险金的支付赔偿问题。每当有事故发生时，如果让与此相关的人把事情的前后经过全部说一遍，是非常困难的。因此，大家制定了一套规章制度，让专业人员代替自己进行交涉，以此来解决问题。依靠这样的方法，人们从人际交往的"烦琐"中解放出来。但是，必须为此支付相应的费用。

二十多年前，小区内的清扫工作通常由居民分担或规定值日制度，为此人际关系总是很糟糕。如今通过交纳公共管理费，这种问题得到了解决。换言之，人际关系的烦琐靠金钱得以解决。如此一来是不是万事大吉了呢？虽然解决了人际交往的烦琐，但是，我们有没有为人情味的淡薄而苦恼呢？有些孩子不愿意上学，于是就有家长说："要是有什么好的方法或教育机构，为了孩子多少钱我都愿意出。"在他们眼中，钱是能够解决一切问题的"按钮"。但是，不管你准备多少钱，孩子就是不去上学。

欧美一直倡导个人主义，所以他们从小就开始学习如何改善人与人之间的冷漠，此外也参加一些公益活动。日本的个人主义是完完全全的利己主义，许多年轻人却以为自己遵循的是欧美的生活方式，这是一个误区。双亲与孩子之间通话或通信的数量，欧美远比日本多得多。欧美重视个人主义，这样的传统使得他们需要依靠电话或信件来维持彼此之间的联系，除此之外别无他法。在日本，即使不依靠这些手段，人们也有一些沿用至今的方式来保持彼此之间的联系，因此我们不完全依赖信件或电话。我担心的是，从今往后日本式的联络方式会消失。不仅如此，还会出现很多冷漠的人，他们不打电话，也不写信。未来如何开展新的社交，是一个不容小觑的问题。

日本和欧美的人际交往方式大相径庭。彼此之间相互体谅，设身处地为他人考虑，是日本社会人与人之间交往的基础，这种交往方式的确比较麻烦。但是，如果舍弃这种麻烦，人情世故会变得冷漠。欧美人习惯于聆听他人的想法，同时明确表明自己的态度，通过这种方式获得真正的友情。退休之后日本人之间很少再继续往来，欧美人则不然，他们会把这种交往一直持续下去。如果日本人遵循欧美的交往方式，虽不麻烦却必须与寂寞相伴。

上了年纪的人，他们的生活不可能和年轻时一模一样，随着体力的衰退，充裕及丰盈的内涵也与年轻时有所不同。我们需要好好思考一下，如何与家人相处？应该营造什么样的人际关系?

18. 情感的交流远比科技发展更迫切

时至今日,我每次去幼儿园,仍能看到保育员读绘本时孩子们是多么愉快。尽管电视等媒体在迅猛发展,但是由此判断孩子已不再喜欢别人给他们读绘本,那就大错特错了。老师念给孩子听,是师生间的一种交流。对于孩子来说,这非常重要。

最近,幼儿园老师的一席话让我惊讶不已。幼儿园的有些孩子无论老师说什么都不理睬,表情也基本没有变化,老师甚至认为这孩子是不是耳朵出了问题。事实上,孩子的耳朵没有任何问题。这样的孩子最近有所增多,对此,幼儿园的老师解释如下:

从小电视就一直开着,又多又杂的信息不断向孩子输出。而对孩子来说,他们没有能力分辨什么是重要的,什么是不重要的。久而久之,就引发了上述情形的出现。

的确,仔细想想,与我们那个时代的孩子相比,现在的孩子被许许多多的信息包围。而且,对孩子来说,无论是电视还是广播,"操作"都非常简单。孩子通过这些操作，从某种意义上来说的确可以"驾驭"它们，而对其结构却浑然不知。即使他们抱着好奇心，问一句"为什么？"，试图去了解，他们也弄不明白。因此他们不再有好奇心，只要会操作就足够了，渐渐地，他们形成了这样的生活方式。

通过问一句"为什么？"，我们可以把外部信息转化为自己的知识。而且从出生那一刻起，通过不断重复这一动作，我们创造出富于个性的自我。这样成长起来的自我，可以积极主动地选择适合自己的信息，并把它化为己有，从而让自己丰富起来。这就是人格成长发展的过程。

但是，上述例子告诉我们，当过量的信息涌入时，它会使人处于消化不良的状态，缺乏主观选择能力的人也就此出现。这样一来，幼儿园老师发出的声音就和窗外传来的嘈杂声一样，无法吸引他们的注意。也就是说，同样的因素也可能导致完全相反的结果。孩子变得对外界的刺激没有任何反应，他们虽然看得见也听得见，却对大人的叫声不予理睬也不回应。这就好比把镜头的光圈完全放大或完全缩小，不能进行适度调节，道理是一样的。

当我们和这样的孩子接触时，需要耐心等待，等待心与心碰撞时刻的到来。那一刻突然来临时，我们小声和他聊上几句，他也会听你讲话。而当你不了解这些情况时，即使你想吸引这些孩子的注意力，想和他们多说几句，也只会带来负面的效果。他们不是变得更吵闹，就是表现出对任何事都毫无兴趣。因此，我们需要耐心等待，等待他们心灵之窗的开启，此时此刻，心与心的交流碰撞格外重要。

心灵的沟通是前提、是基础，但大人们忘记了这一先决条件，总是急于塞给孩子各种各样的信息。或者又是另外一种情形：把电视机一直开着不加理睬，让孩子不断接受各种繁杂的声响。对此，我们必须好好反省一下。孩子不想看电视的时候，暂时把它关掉，多花这么一点儿小心思，就可以避免孩子患上信息过量综合征。也就是说，对待信息要主动筛选，大人首先要抱有这样的态度。还有一点，不要忘记心与心的沟通这一前提条件。

19. 失去交往导致的悲剧

最近，我和一位美国医生聊天。他告诉我，在美国，医生在看病时必须考虑到，即使病人提起诉讼也不会败诉。因此，他们不得不做一些本来没有必要的检查，有些检查对患者而言甚至是一种痛苦。如果优先考虑的是不能败诉，治病救人就变得非常冷酷无情。之所以这么说，是因为黑白分明只有在没有人际关系介入的情况下才能办到。这意味着放弃不想让患者遭受痛苦的信念，医生如果能够做到这一点，医患之间就是公平的。这样一来，整个医疗事业就越发倾向于排斥人与人之间的交往。我觉得20世纪充斥着这样的思维方式。什么才是人类真正的幸福？如果要认真思考这个问题，我们必须对方式方法进行深刻反思。

比如说，有一个少年被领到我们这里，顶着"失足"的标签。"失足"这一标签，就把我们和这个少年划分开来。划清界限、切断彼此之间的联系，以此为前提，我们就可以给别人贴标签、戴帽子。

现在，人们最关心的就是"如何高效地工作"。这种思维方式在"反欺凌对策""老年人问题对策"等问题上得到了充分体现。针对欺凌现象和老年人问题，思考如何能高效地解决、方法是什么。高度重视效率，由此导致了上述思维方式的出现。我也很快就要加入老年人的行列，假如我也成为某个"对策"的对象，倒不如死了算了。这样的"对策"，体现的都是制定对策的人的想法，而对策所针对的人的看法，基本被压抑得踪影全无。也就是说，制定对策的人与对策所针对的人，明显被割裂开来。

以现代科学为基础的科学技术，是以操作者和被操作者之间明显的隔断为前提的。这种方式方法的确立，使得人们有可能找到具有普遍性的原则，探究那些放之四海而皆准的技术，这实在是一项非常伟大的事业。但是，由于这种方法过于奏效，以致人们在对待任何事物时都把自己置于操作者一方，甚至把操作对象从"物"扩大到"人"，这就完全错了。做父母的想通过"好育儿法"把孩子培养成"好孩子"，中年夫妇想把父母作为"老年人问题对策"的对象加以考虑，但此时，因为他们都在用操作式的思维方式思考问题，也就丧失了人际交往——对人而言最为重要的东西。到我这里来咨询的许多来访者都有很深的困惑，其中不乏由于"人际关系的丧失"而苦恼不已的案例。

的确，人能够控制一些人际交往，也能够控制自己的情绪和行为。但是，这仅限于相互交往较浅或没有必要交往的前提下。我们不能因为在某种程度上运用得得心应手，就试图把这种方法普及到所有的人际关系之中。如果那样，人与人之间的关系就演变为争当操纵者的斗争。或者说，大家分饰角色——出色的操纵者和被操纵者——维持虚假的和平。

恼怒、憎恶、伤害他人后的快感等，这些情绪常隐匿于人类心灵深处，基本不会外露。欺凌事件中，往往是当事人在确保自身安全的情况下才会出手，因此他会感到一种很大的诱惑。这足以解释为什么在不同时间、地点，人类社会中存在如此多的欺凌事件。较量的双方并非势均力敌，其中一方利用强大的力量和权力、胜人一筹的本领等绝对优势，将对方置于悲惨的境地，这是非常卑鄙的行为。虽然如此，很多人却经不起诱惑而就范。

如上所述，以强凌弱的现象非常普遍，但在今天的日本之所以发展成为一个社会问题，在于其发生频率之高、残忍卑劣程度之重不容小觑。无论是与以往相较，还是与其他国家相比，都有过之而无不及。

第三章

学校·教育——为了使现在胜过以往,未来好于现在

几个人聚在一起说说别人的坏话，把某人贬得一文不值，是件令人愉快的事情。出于这层原因，现在特别盛行评论学校、评价教育，最后把文部省说得一无是处求个痛快。他们都觉得，在日本众多的政府机构中，就维护国民精神而言，发挥最大作用的是文部省。

如今是一个注重终身教育的时代，所以不要仅看表面现象，而要反思一下我们自身的教育开展得如何？作为家庭、社会的一员，我们的生活态度和生活方式一定会对教育产生某种影响，由此不难看出今天日本的教育有多艰难。当人们关注学校教育并展开讨论时，背后关联着日本人生活方式的问题，这不是仅靠"改革"就能实现的。

对现状不满时，人们总喜欢说"过去多好啊！"。但是，和从前相比，国民的生活水平有了整体提升，现在的孩子能进入自己向往的大学，这也是今非昔比的，这些都说明现在的生活条件比原来好多了。诚然，这是人们努力的结果，但是，也正是物质的丰富和升学率的提高，将现在的日本教育置于某种困境当中。换言之，令人高兴的事不断增多，同时，困难也一并涌现，在教育问题上尤为突出。

如果我们不想回到从前，"过去多好啊！"这类感叹就于事无补。与其这样，不如尽情享受今天的生活，同时也思考一下如何定位今天的教育，这才是必要的。要思考教育问题，一定会涉及文化、社会层面的要素。

20. 教育在富裕的生活中迷失了方向

我是临床心理医生，常有家长带着孩子到我这里咨询。他们中很多人告诉我，为了抚养孩子自己是多么尽心尽力。还有人抱怨说，自己从孩子那里没有得到任何回报。为什么会存在这种付出与回报之间的偏差呢？父母为了把孩子培养成"好孩子"，给他买喜欢的东西、送他去教培机构学习，等等，为此花费了不少精力。但什么才是对孩子来说真正有意义的事情？为此，家长该做些什么？这些问题大家想过吗？答案是否定的，正因为如此，才会有家长抱怨"我没有得到任何回报"。

许多人把今天的教育定义为偏差值教育[1]，认为对人性的教育至关重要。那么在现代家庭中，在培养孩子的性情方面，我们又做了些什么呢？"我太忙了"，这么说的人，是否意味着他要把人性教育全部推给学校？这个世界崇尚经济至上，你为赚钱而奔忙，就把孩子的教育全部委托给学校。既是如此，难道你不该多支付一份费用给学校吗？如果你不仅把书本上的知识，甚至连人性教育都推给学校，是不是该把教师人数增加一倍，或者把教师的工资增加一倍呢？我希望大家认真思考这个问题。

本应自己做的事情推给他人，而你自己出去挣更多的钱，像这样请人办事却不支付报酬，这与资本主义的基本

---

[1] 偏差值原为统计学概念，是指相对于平均值的偏差数值，在日本被用于测算学生的相对学力。在计算偏差值时，将平均成绩设定50，偏差值得分表示与平均水平的差距，从而显示特定学生在考试群体中的相对排名情况。偏差值教育就是以偏差值为核心评价指标的教学模式，其主要目标是提高学生的偏差值，并基于偏差值指导学生报考相应的大学。偏差值教育是一种典型的应试教育，由于评价指标单一，因而忽视了学生的多样性，不利于学生的全面发展。

理念背道而驰。

如果你不想这样，就应该在家庭教育方面多花一些心思，再费一些工夫，而不是金钱。生活贫穷时，养育孩子基本不花工夫，轻松一点就很满足了。这也想要那也想要时，需要一家人彼此依靠，互相扶持，一起感受每一件东西的来之不易。此时，不需要你刻意强调"家庭教育"，一切都是那么自然，水到渠成。比如说，有人一心盼着吃柏饼[1]，那么庆祝端午节时他一定非常开心。即使不提"宗教教育"，不提那些晦涩难懂的概念，你也能真实感受到人生每一个节点、每一个节日的存在。"分享"教育很自然地就融入日常生活之中。

但是，当物质生活突然富裕起来，不知不觉中，日本传统的家庭教育陷入危机。随着物质生活的丰富，家庭中每个人的生活态度和生活方式都发生了改变。面对这些变化，不去探索与之匹配的家庭教育，仍试图按照原来的方式去做，那就一定会碰壁。一方面，我们为了实现经济的高速增长而不遗余力；另一方面，却懒于思考本应与之相

---

[1] 柏饼，一种用槲树叶子包的带豆馅的年糕。

匹配的家庭教育，那么出问题也在情理之中。

21. 教育应确立的目标

道德教育的辅助读物不应由学校统一购买、统一发放，应陈列于街头，让想要的读者自己去购买。而且，阅读之后大家应该独立思考，这种方法才真正行之有效。

无论谁看都能得出同样的结论，这种读物让大家一起看，说出同样的想法，这样做不免破坏了道德教育的本质。的确，只要是人，就一定有必须遵守的规章制度，传授规章制度也是必要的。但是，除此之外，考虑到每个人的个性不同，彼此之间相互讨论也是必要的，大家会发表意见，如"要是我的话这么做""我是这么认为的"等。引发孩子展开讨论的，不正是这些辅助性的读物吗？

虽说现在中学的风气不好，但是不同学校、地区还是存在很大的差异。在某些中学，教师甚至对上班感到恐惧，他们自己也患上了"学校恐惧症"。但是在另外一些学校，教师甚至感觉不到校内有违法行为。

吸食稀薄剂（一种毒品）的现象一度有所改观，最近却有所反弹，而且在很多校园里蔓延开来。教师警告这些学生时会威胁说"我杀了你",不仅如此,也有校舍遭到破坏的情况。有些学生在教室里赌博,由于借钱还钱问题引发争执,导致打架斗殴事件发生。

这种现象一旦在校园内蔓延开来,无论教师怎样努力都无济于事。教师感到恐惧,却只能忍耐。听到这些,普通人会觉得教师太窝囊了。可是,如果你去找那些教师问一下实际情况,或许你也会觉得束手无策。因为一旦教师严加管教,甚至采用体罚措施,引来的将是更为激烈的反抗。

这样的事情之所以发生,背后有很长的历史原因。战败让日本人质疑旧的规范和体制,人们向往自由,崇尚"自由至上",有些人恰好在这段时期迎来自己的青春期。如今,这些人已身为父母,他们的孩子步入了青春期。

这些父母格外重视"自由",认为不讲究规律和规范的教育才是培养孩子的好方法。欧美式的育儿法历来崇尚"自由主义",即便与之相较,也能看出上述方法的错误之处。为了让孩子长大成人,我们必须选择那些与我们的社会文化背景相匹配的方式方法,让孩子学习一套与此对应的规范和法则。为此,需要我们多加训练。

孩子步入青春期,需要父母对以往的教育方法作一个总结。青春期的孩子都会在内心深处经历一些心理变化，这种变化对每个孩子而言都是十分剧烈的。如果他们能依靠以往所受的教育克服这种巨大变化带来的不利影响，内心深处的蜕变就可以顺利完成。话虽如此，但每个人都会经历某种程度的"暴风雨阶段"，从而长大成人。

打个比方，这与安全使用核能是一个道理，原子能发电装置即使出现细小的偏差也会带来可怕的后果，对此我们深有体会。青春期的问题与此颇为相似。

与放射性原料泄漏引发的事故一样，在中学生制造的那些过激事件中，做错事的中学生本人同样是受害者。那些吸食稀薄剂的学生，他们自己也很想戒毒，却无论如何做不到。他们经常诉苦说，自己也想不明白为什么要做这么愚蠢的事。但事已至此，仅靠严厉的惩罚不能彻底解决问题。如同核能发电机出故障时，仅靠加厚防御外壁却不从根本上处理，是一样的道理。

最近，我和兵库县生野学园的村山校长进行了一次对谈，这个高中是专为那些不愿上学的学生创建的。趁着这个机会，我有幸听到一些学生闲聊的内容。"人到底是什么？人生又是怎么一回事儿？人世间真的有友情存在吗？

我们为什么要学习？"——这些是他们谈论最多的问题。那些因"升学"而忙碌的优秀的高中生平时不太会思考这些，而这里的孩子在探讨，在寻找答案。他们想要直面人类"心灵的深处"，而我们造就的社会，却让这些孩子变得不能上学，难道不是这样吗？对此，我们有必要反思。如果真的渴求"心灵时代"的到来，我们必须为此付出相应的努力。

22. 发展个性的艰难之处

随着孩子数量的减少和经济的富裕，父母有更多的精力花在孩子身上。但是，当他们致力于把孩子培养成"好孩子"时，这努力却过了头。之所以称之为"好孩子"，是因为他们的成绩名列前茅，足以满足父母的期待，在母性化社会中不惹是生非，是这层意义上的乖孩子，至于是否富于个性，则另当别论。对这些孩子而言，极为重要的自由被夺走，"生存"必不可少的知识无法获得，他们掌握的只有书本上的内容。有些人动不动就抱怨孩子或年轻人，他们又是如何教育自己的孩子呢？到底是谁家的父母把孩子教育成这副模样？我希望大家能认真思考一下。有些教师一边标榜自己"尊重学生的个性",一边沉溺于母性化社会,这样做是否合适?

不愿上学的孩子,其实际数量远比统计数据多得多。这并非哪一个人的过错,而是整个日本社会需要面对的问题。六岁开始上学,从此只重视知识积累而无视个性培养,喜欢按成绩排序,正是这样的社会导致了上述问题的出现。

23. 与思想意识融为一体的性教育

出于对艾滋病的恐惧,最近突然有人强调要对孩子开展性教育。在我看来,考虑到艾滋病的特点,对孩子进行性教育,一方面是出于无奈,但也必须认识到,其中包含一个十分重要的问题。

总而言之,仅传授一些性方面的生理知识远远不够,性教育远非如此简单。对人而言,性不仅是生理问题,它还与心灵紧密相连。

开展性教育其实非常不容易,这是我特别想强调的。如果认为在班级上统一讲解性知识,性教育就此可以画上休止符,那就错了。尽管学生懂得了一些性知识,但他们在思想上是如何认识与把握的？——不断探究这一问题，这样才有意义。此外，由于每一位学生接受方式的不同，开展性教育时要仔细观察学生的反应。换言之，对于"那个时间的那个人"而言，性知识到底意味什么？对此，我们必须加以思考。

24. 僵化的日本教育

如今，人们从小时候开始就抱着一大堆烦恼。整个社会、孩子的父母总是不断催促孩子去教培机构补课，去学习某项技能，让孩子陷入一个又一个应试深渊，将他们置于优胜劣汰的竞争环境之中，由此泯灭了孩子的个性和特长，难道不是这样吗？

统考后，高考考生会出现按分数排序的现象。一些地方性大学经常感叹，入学新生的质量出人意料的均质化。以统考成绩为基准，产生了非常精细的排序，考生依据统考成绩报考大学。如此一来，很容易产生排序现象。为了克服这样的问题，有些大学在入学考试成绩的判断方法上下功夫，如采取考生一门成绩非常优秀也予以录取等方法。的确，对于把所有科目成绩统一相加的计算方法，我们有必要进行反思。

在此，我想把目光从入学考试转到大学自身。日本人原就喜欢排序，大学里也是如此。日本的大学基本要排列出系与系之间的差距、学科与学科之间的先后，更有甚者，把所有的东西统统排序分出先后，从而形成了这样一种愚蠢的局面。

摆脱这种局面最有效的办法就是，各个大学或大学的各个系、各个学科都具备各自的特色。在一个集体中，如果每个组成部分都各具特色，那么从整体上进行排序就是难以实现的。

"我"想学习这门学科，想进行研究，于是"我"选择这所大学——假如考生都能这样想，那么仅依赖统考成绩选择大学的现象就会大幅减少。但是，上述变化的发生，需要大学教师进行观念上的革新。受考生排序意识的影响，很多教师认为，只要进入一所"高层次"大学就能有所作为，只要在一所"高水准"大学任职，就不再考虑更换学校，这些想法都需要改变。在批评高考考生之前，大学教师有必要先反省一下自身的观念。

与欧美学生相较，虽然日本学生的能力不相上下，但成为研究人员后，日本学生的创造力往往逊色很多，这是人们常常诟病的地方。导致这种现象出现的原因有很多，但主要还是由于日本的大学存在上述问题。优秀的研究人员在"高层次"大学就职后，倾向于做一些"保守的学问"，试图保住自己现有的地位。

做事大胆，敢于犯错误，勇于接受批评——与这种研究态度相异，只注重一点一滴的积累，积累一些日后在一定程度上能获得认可的成果，这就是所谓"保守的学问"。的确，这种研究会有进展，也会取得一定成果，但在创造性方面就逊色了。

众所周知，日本的大学和研究生院推行"严进宽出"的管理，学生入学后很容易松懈下来。如果我们转换为以下模式：将入学考试简单化，让进大学读书变得容易，入学后实行高标准、严要求，懒散的学生将面临无法毕业的问题，这样可能会取得一些意想不到的成果。

25. 孩子的能力不是分数能测量的

我当高中教师时曾想，如果出一份试题学生得零分，那是老师的不是。因为零分无法衡量学生的水平。

在评价孩子时，很多父母和老师不关心孩子的个性，仅看重名次。不仅如此，他们总认为只要努力谁都能拿第一，这就给孩子带来很大的压力。

有些人注意到孩子的压力过大，把原因归咎于日本是充满"竞争的社会"，认为这样是不行的。在我看来，这样看待问题是不完善的。说到竞争，欧美比日本厉害得多。他们崇尚公平竞争、公平对抗，竞争之初每个人的个性已充分显现。可是日本的竞争不注重个体，看重的是人在整个团队中处于何种位置。这样一来，那些没有用的、没有意义的竞争，尤其是孩提时代的一些竞争，存在诸多问题。

如果大家不信，不妨去体验一回中学的测验，就会明白我说的是什么。为了排出前后次序、区分高下，考试或流于细枝末节，或在某处设一个陷阱，或必须进行速答，等等。这样的题目有所增加，大家就在这里一争高低。虽然两个人的成绩相差五分左右，实力差不多，但外部的评价却会因此明显不同，现实就是如此。

许多人不满日本教育的模式化，抱怨大学应试制度的不足。我们必须认识到，这个问题关乎所有日本人，是一个根本性问题。仅对制度做细枝末节的修改，不会有实质性改变。借"教育"之名，借"祈求孩子幸福"之名，磨灭孩子的个性，成年人的所作所为难道不是这样吗？对于这个问题，我希望大家好好思考一下。

人们深信偏差值低就没有希望，其实并非如此，因为，偏差值是可以改变的。我希望日本人认识到，改变是有可能的。偏差值可以检测孩子用功的程度，却和创造新事物没有必然联系。

26. 拯救心灵是教育的出发点

处于青春期的孩子，当他们欺负人的事被发现时，叫嚷着"这下糟了！"。但是同时，也会紧接着说上一句"这下轻松了！"。他们在内心深处喊着"快让我停下来！"，可是如果此时谁都不出来阻止，只能任由情绪不断升级。一位中学生讨厌他的老师，甚至大打出手，理由之一是"这个老师在该发火的时候不发火"。这话传到老师的耳朵里，他就心中有数了。下一次他真的发火了，但学生还是出手打了老师。这位老师来我这里咨询："我该如何是好呢？"发火不对，不发火也不对。左也不是，右也不行，他觉得自己已无能为力。我觉得，因为他发火时没有"震怒"，才没有收到应有的效果。他应该震怒才对。只是一味地叹息，说明他的思维方式过于简单，简单到认为不管是足球还是篮球，只要射门或投篮就能得分的程度。

中学校园里的暴力问题非常严峻。虽说是中学生，但他们大多比老师身强力壮。有时他们一起殴打老师，这岂是老师能承受得了的。老师有时会因此而骨折，更有甚者在女老师的头发上点火。

如何指导这样的学生？围绕这个问题，我曾和这些学生的老师共同探讨过。有一次交谈时，一位老师说了如下一番话：如今，学校里感到力不从心的，尤以四五十岁的老教师居多。年轻教师在指导这些学生时感到比较棘手，于是，他们把希望寄托在老教师身上。老教师虽想发挥多年积累的经验，无奈今非昔比，这些学生的行为方式与过去相去甚远，因此他们也不知该如何是好，深感自己多年的经验没有用武之地。因此，老教师都想早点退休。

对此，我回答道："我认为这样的教师还是退休为好。"当然，这话是激将法。所谓的"经验"，不是"重复过去的经历"。的确，十年前用在学生身上的方式方法，今天仍想一成不变地重复使用，当然行不通。时代变化的步伐十分缓慢时，不断重复使用是可能的，只要按部就班去做，教师和家长都安然无事。但是，如今各种事物变化飞快，简单地重复是徒劳的。当然，也并非所有的东西都已变化更新。作为一名教师，在工作方面的经历，其中肯定有一些东西至今仍能发挥作用。的确，十年前的中学生与如今的中学生有所不同。但是，那个时候和他们相处的一些经验和体会，从中得出的对他们这个年龄段的综合认识，直到今天仍能发挥作用。

当然，这不是一件容易的事情。所谓"活用经验"，不仅是运用旧知识，还要求我们发现新现象。即便是老教师，如果不全身心地投入，还是做不到这一点。中学、大学也一样，家长也不例外。为了生存，我们有时难免遭受打击。正因为如此，我才斗胆对教师们说了些不逊的话。

"不能动手打人"，说这番话之前，你应该想一想那些大打出手的孩子，他们为什么这么做。或者说，作为教师来处理这种事情，首先要审视自己的行为是否得当。以这样的态度与孩子真诚相待，我们就能从中发现很多值得思考的问题。

27. 成年人应做些什么

指导学生时，眼看着他稍有起色，岂料转身他又回到老路上去了，这样的例子不在少数。此时老师总感觉自己"被欺骗了"。有位单身教师，他把一名"不良少年"领回家和他一起生活。正当他为这孩子走上正道开心时，孩子却偷走了他的工资。老师很生气，抱怨着"我被骗了"。这种想法非常肤浅，孩子这样做，是想试探老师的关心和关爱是不是真的。

欺小凌弱的事情下次绝不允许，老师一定要采取严厉的态度。在此，我强调的不是对学生的管理，而是教师作为一个人应有的态度。

青春期的骚动超越一定程度时，用普通的方法是无法阻止的，有时需要依靠警察的力量。但是，重要的是你要认识到，虽然动用警察的力量后一切好像恢复了正常，但真正的教育是从这里开始的。依赖警察的力量，就意味着作为一名老师，你放弃了本应发挥的作用。放弃了的东西，要通过长期的努力才能重新建立起来，新秩序需要你亲自去探索。如果老师认为靠警察的力量事情已经解决，或是已经恢复到原来的秩序，那么，作为一名教育工作者，这是对自己工作懈怠的表现。

如果家长知道老师真的在为自己的孩子着想，他们会非常高兴。另一方面，如果老师抱怨"您家的孩子不行啊"，家长就会感到不安。老师一旦上门家访，家长会立刻道歉说："对不起啊。"家长总认为自己是被训斥的对象，这样是不行的。家长和老师应该共同努力，让孩子不断进步。

青少年是我们的老师，是孩子给予了成年人锻炼的机会。

28. 从故事中学会的道理

成年人不读儿童读物，这不是好现象。与其让孩子写读后感，不如让家长和老师来写。家长和老师应该更主动地阅读书籍。

早就有人指出，在传说故事中，缺乏对人的一般情感的描述。在《没有手的姑娘》中，丝毫没有讲述父亲切女儿的双手时，女儿的疼痛和悲哀。《水晶鞋》中有一幕，母亲为了把女儿的脚硬塞进鞋子里，竟然切削女儿的脚趾，这一刻女儿的苦痛，在故事中也完全没有被提及。这是否意味着，过去的人的情感是麻木的？当然不是。

秘密就在于它是传说。实际生活中，切女儿双手、削脚趾的父母基本不存在。我们把这种事情作为"故事"来讲，而听众把这一切作为"曾经有过的事情"来听。正因为如此，当女儿的手被切断时，我们会觉得"可怕"，那种剧烈的情感波动来自听者。而且当大家思考"为什么会有这么残酷、这么愚蠢的事情"时，许多父母会意识到，实际上他们"切断"了女儿和男朋友的交往，或者是为了把孩子塞进大学的"窄门"而"削细他们的身体"。换言之，"故事"的特点在于，将平时你不在意的一些动作行为以十分夸张的手法呈现出来，让你体会隐含其中的情感。通过阅读"传说"、阅读"故事"，真情得以流传。新闻传播的是事实，而故事讲的是真情。

第四章

工作・自立・人生
——哭也罢,笑也罢,人生仅此一回

生命，仅有一次，对我们每个人来说，都无上宝贵。为了在自己的人生旅途中走得更踏实、更饱满，我们必须确立一个与他人不同的自我，依靠自己的判断和不懈努力，找到一份理想的职业，独立生活下去。不仅如此，配偶的选择和家庭的组建，也是人生的一部分，这一点我会放在其他章节。

依靠不懈的努力设计自己的人生蓝图，这很重要。但事实上，人生中也有一些东西，是无法依靠个人意志改变的。性别、种族、父母等都是出生之前就已注定的。当我们选择职业和配偶时，会受到外界条件的影响，再加上还有天灾、人祸等因素。生命里注定的东西与依靠个人意志做出的选择，如何协调两者的关系，是我们的课题。而且，每个人都有自己的追求，它源自内心，无法预料。这似乎也是"命中注定"，不是旁人强加于你的，因此无法抱怨谁。这种"实现自我价值的欲望"，不受个人意志和周围情况的约束和控制，其实也很麻烦。留意所有这些因素，同时塑造自己的人生，是每个个体被赋予的人生课题。

生命只有一次，无上可贵，话虽如此，人们却极易为大众的价值取向所吸引、所左右，这也是不争的事实。地位、名誉、财产等，虽不是最重要的东西，但无视它们也多少显得有些荒唐。让自己不去在意这些功名利禄，这样的努力也会让我们精疲力竭。"我就是我，度过了独一无二的人生"——在生命的尽头我们能这样回首往事，做到这一点才是最重要的。

29. 工作的舒心源于灵活的态度

吃苦可以磨炼人的意志。但是，如果过于艰辛，人的精神会被摧垮。对于那些毫无意义的艰难险阻，我们已有足够的认识。日本军队在训练中展现出的吃苦耐劳精神曾是世界上数一数二的。但是，那些苦头让军人丧失了判断力和批判力，历史的教训足以证明这一点。

谋求个性化的发展，一定会和他人产生摩擦。这种摩擦在同事和领导之间都会发生。此时，如果你想从正面和领导争辩并把这场争辩引向建设性的方向，前提是领导自身也必须相当有个性，容许这场争辩进行下去。只有在这样的碰撞当中，真正的个性才能被磨炼出来。这绝不是仅靠肤浅的行动能达到的。

为了增强队伍的力量，为了锻炼自我，吃苦是免不了的，但也绝不是苦吃得越多越好，没那么简单。体育界的某些领导，自己一身轻松，却错误地认为只有让孩子吃苦才是最有效的锻炼方式。

我的一位美国朋友，在观看了日本中学生棒球训练后告诉我："我觉得运动是为了从中获得享受和快乐，而在日本，是不是大家想要吃苦才进行体育运动啊？""如果苦吃得太多，队员的实力是不会提高的！"被他这么一说，我不知该如何回答。这种说法虽有些极端，但在强调个性的训练中，不是只有苦，还应该有乐。对于这一点，我们应该有所认识。

在娱乐中工作，在工作中找乐，究竟哪一点更重要？是说不清楚的。

日本人对权力有一种盲从的天性，当他们对计算机的指令言听计从时，对操作计算机的人也百依百顺，没有丝毫怨言。

有一户人家因电费过高提出质疑，在被告之"这是计算机得出的结果，绝对没错"后，就没人理睬了。可是，由于电费实在高得离谱，这户人家提出强烈抗议，工作人员仔细检查后发现，由于机器接触出现问题，别人家的电费也算到他们家了。

过度信赖机器，是问题的核心所在。机器说到底只是工具，因为人们的利用才有价值。但是，刚才的例子中，不是人在操纵机器，而是机器在操纵人。如果日本人都按"机器上司"所说的去做，就如同过去民间故事中人的语言和行动都被妖怪控制了一般，这是不是太可笑了？

退休，的确是一件值得庆祝的事情。做我想做的事，享受其中的快乐，曾经就任院长，担任学生部长，也都是很棒的人生经历，年轻人带给我很多活力。那时的我，总感到必须不断向前，走在时代的前列。

30. 有助于成长的苦乐之比

21世纪的生活方式是什么,对此我不敢定义。但21世纪应该是这样的时代:思考自己想要的生活,由此确立自己的生活方式。不仅如此,每个人都不畏艰难,回顾此生时骄傲地感叹:"我这样度过了一生。"

有人想做一件喜欢的事情,就必须以做十件讨厌的事情作为代价。也有人做的每件事都是自己喜欢的。还有人把不得不做的事转化为自己喜欢的事。

一般说来,舒展放松时,人会觉得很惬意,遭受挤压时,会感到很难受。成长中,人既要忍受挤压带来的痛苦,也会享受放松时的轻快惬意。"精神修行"中,人们首先想到的是自我否定,吃苦成为第一要义。只有苦修苦行,精神才能得到磨炼。因此,无论是体育运动还是表演艺术,大家首先想到的就是吃苦。然而,这种想法是错误的。

在进行体育训练时,欧美注重的是让每个运动员充分发挥他们的才能,因此大家从训练中首先感受到的是愉快。当然,训练中不免吃苦,但首先是乐趣。因此,看了日本运动员的训练后,欧美运动员对这种以"吃苦"为重点的做法感到不解。有的日本选手在"精神修行"中内心受到伤害，以致在正式比赛时出现精神不振、底气不足的状况。

有些运动员在竞技方面没有实力，他们手中只有权力。这样的运动员在指导年轻队员时，就是以"让他们吃苦"为重点，其中颇有几分欺小凌弱的味道。尤其是当年轻运动员很有才华时，老运动员嫉妒，在追求日本式平等的氛围下，欺凌现象常有发生。有些年轻运动员原本大有前途，未来可期，却在成为专业选手后遭遇挫折，他们当中很多人就是这种日本式严酷训练（欺小凌弱）的牺牲品。

我做过许多心理咨询方面的训练和指导。由于多采用欧美式做法，多数情况下进行得轻松愉快。有些人对此不满，他们要求："请您再严格一些。"在他们看来，不辛苦就不是严格的训练。而我的"训练"既愉快又严格，但他们似乎无法理解。

令人欣慰的是，最近日本体育界也有人对上述问题进行反思，涌现出一批既放松又有实力的运动员和教练员，比如说，神户钢铁制造公司的橄榄球队，还有极具个性的英雄式人物一郎[1]。为了取得成功他们一定会吃苦，这是理所当然的。同时，他们也掌握了一套训练之道，挖掘个性，严格训练。体育界在尝试改变，日本的学界、学会也该好好反思一下，我们是否在过于严苛的指导过程中将青年学者的个性碾得粉碎？

31. 追求平静的内心世界

解救那些身处困境的人——许多人有这样的愿望。即便达不到这样的高度，很多人也还是很愿意帮助他人。

这种想法一旦付诸行动，意味着你开始把善意强加于人，无论是有意为之还是无心插柳，都很难堪。想做好事，这是你的本意，但接受的一方却有种抬不起头的感觉。一般来说，做好事时人们是不会反思的。做好事竟然会给别人带来痛苦——这是大家想不到的。

饱受打击时，倾诉可以让心情平静下来，人人都有这样的经历。不过，洛杉矶大地震时，有人因为开口就大谈

---

[1] 一郎，本名铃木一郎，日本著名棒球明星。2018年底，日本权威调查机构发布"国民体育选手"票选结果，铃木一郎高居榜首，力压人气花滑选手羽生结弦，其名气和地位可见一斑。

受灾经历而被大家疏远。也有人认为，只要有人聆听，受伤的心灵就会被治愈，这些人把聆听理解为一门简单的技术。因此，赶赴灾区后，他们到处说："请大家讲一讲受灾的经历吧。"见到灾区的孩子，他们提要求说："请你画一幅受灾的画吧。"

请大家设身处地想一想，当你经受打击、痛苦万分时，有一个陌生人突然对你说："讲一讲经过吧。"你会高兴吗？即使想倾诉，也得对方是了解自己的人、能产生共鸣的人，这样才有意义。更有甚者因为打击过重而失语，面对陌生人的询问，他们要如何应对？

最重要的是，能有人陪在身旁，带来安全感，能一起承受痛苦和悲哀。在情感的支持下，他们充满痛苦的内心深处，悄然萌生出一种力量，一种自我康复、自我疗愈的力量。人不是轻易就能救助他人的。创造条件，让他们依靠自己的力量重新站起来，这很重要。

依偎在宽广的怀抱中，获得一种归属感——我想大家会联想到母亲的怀抱。对，就是这份安全感。

"内心的平静"这句话极富魅力。一处让人心情平静的场所，一个让人感到安稳的人，是大家渴求的。只要停留在某个地方，心情就能舒展放松。抑或是，只要有某一个人陪伴在侧，不需要多说话，心情就能平静下来。有这样的空间，有这样的人，该多幸福啊！

获得安稳，这是人们非常渴望的。这就意味着，在日常生活中，"安稳"是多么难能可贵。几乎所有人，每天都忙忙碌碌。"哎，不对，老人不是每天很清闲吗？"也许有人会这么说。但问题在于，在清闲的生活中，老人是否感受到内心的平静？这就是人生有趣的地方。有人非常忙碌，无法沉静下来；也有人即便整日无事可做，也还是无法获得内心的安宁。由此我们懂得，人，远非如此简单。

32. 你用什么赌一把人生

"自我实现"这个词最近常被提起，所谓"自我实现"，似乎就是开心地做自己喜欢做的事。其实并非如此。"超我"迫切要求自我实现，根本没有考虑"自我"，因此尽量回避。这种感觉大家都体验过，它是超乎常理的。自我实现的过程，既可以永无止境，也可以从一开始就宣告结束。因此，它具有阶段性特点，并非绝对。

想做就做，做自己喜欢的事，这是大家眼中的自我实现。然而，并非如此简单。想喝啤酒时想方设法拿到它，简单地认为这就是自我实现，其实是错误的。追问一下自己是不是真的想喝啤酒，会感到有些惘然。在我看来，对于那些说不清道不明的事情，有必要花些心思好好思考。

工作顺利、事业有成、赚大钱等，现实中要做到这些很困难，就像做梦一样。因此，我觉得，拿出一部分时间来做这些事情已足够。剩下的时间，要留给自己。除了工作什么也没有，这样是不行的。内心没有余裕，工作也常会出错。

我认为，人生中，一次也没有经历过"忘我"体验的人是不幸的。我们得尝试用什么赌一把人生。只有这样，你才能真正说，我活过。我希望我们能培养出敢于拼搏的孩子。

33. 甩掉娇气开始自立

家人之间互相道谢，这样做有时会让人感到生分。比如说，三岁的孩子遇事就对妈妈说"谢谢"，会让人感到奇怪。换言之，彼此之间越是亲近，就越没有必要说"感谢"之类的话。但是，孩子渐渐长大后，人与人之间交往的礼仪，也应逐渐形成。

与日本人相较，欧美人从孩子很小的时候开始，就要求他们在适当的时候道谢，对父母也是如此。之所以这样教育孩子，是因为他们注重培养孩子的自立能力。四五岁的孩子会向父母道谢，父母在必要时也会对孩子说一声"谢谢"。

日本的一些孩子，缺乏对自立的正确理解，自认为没有得到父母的照顾，对他们没有任何表示（实际上父母在照顾他们）。这不是自立，是娇惯过头的表现。在欧美人看来，这非常不可思议。适时表达谢意，是一个人走向成熟的标志。

受西方文化的影响，日本人开始按照父性原理生活，逐渐重视培养孩子的个性。结果是，人们对日本式的人际关系心生厌倦，尽量不与他人交往。如今，在日本的城市里，邻里之间的往来极其淡薄。

但是，如果我们真的想确立自我，需要面对一个问题：每一个确立了自我的个体该如何与他人相处？意识不到这一点，每个人的生活就是孤立的，是以自我为中心的。

自立和孤立是两回事。一个自立的人，不会因为与他人的交往而影响其作为个体的存在，因此他们不会拒绝交际。缺乏自立能力时，与他人的交往也比较困难，人就会变得孤立。步入青年阶段，人们往往渴望从家庭中孤立出来。原因在于，此时人们缺乏自立能力，处于过渡阶段，正逐步迈向自立。棘手的是，有些人已长大成人，仍处于一种孤立状态。

也有人说，谈什么自立？过去的人没有这么做不是一样生活得很好。大家都不自立，一家人共同生活，相处得和和美美。所谓"自立"，是最近才冒出来的字眼儿，况且自立到底是好是坏，说不清楚。如今叫好声一片，如此而已。

此外，伪自立的现象也比较多。有人觉得，只要离开父母单独生活，就是自立；也有人认为，自己能挣钱了，就是自立；等等。实际情况是，他们在内心深处还是妈宝一枚，这种人不在少数！

对我们来说，自立非常重要，不能形成依赖型人格。自己努力奋斗，同时期望他人也能做到这一点，这样的人的确存在，但绝对不多。

我的专业是为神经错乱的人提供心理咨询，因此和他们交谈的机会也多一些。有一位神经错乱的人，因为对自立的理解出现偏差，很长一段时间不能工作。克服心理障碍后，他逐渐开始打零工。问他最近的感觉时，他回答说："我终于可以更多地依靠他人了。"从前，他觉得自己一定要自立，努力奋斗。现在，他不这么想了。总而言之，完成工作是最重要的，有困难说出来，请求他人的帮助，或者给朋友打个电话发发牢骚。"我现在完全依靠他人的帮助。"他如是说。

我答道："你变得坚强了。"他听后一脸莫名其妙，对此，我做了一些解释。最近的心理学研究表明，自立和依赖并非一对相反的概念。所谓"自立"，不是完全不依靠他人——完全不依靠他人也是不可能的。必要时借助他人的肩膀，同时心存感激，这才是自立。如果没有这种审时度势的自立心态，被"自立"的吆喝声束缚住手脚，无法求助他人，最终还是会在某些地方给他人带来麻烦。总之，自立还是有别于孤立的。

老实说，刚才提到的这个人，由于神经出了问题，陷入自立之网，无法自拔，不能求助他人。我一直在期待、在等候，希望他能依赖他人，有勇气接受这样的现实。正因为如此，听到他能求助于他人时，我感到非常高兴，回答道："你变得坚强了。"

还有一部分人，并非神经错乱，他们深信自己已经自立，但事实上，他们依靠很多人的帮助。近来，有许多人渴望自立，正因为如此，我希望大家反思一下，那些排斥依赖的自立，实际上会给周围人带来很多麻烦。

34. 把握自己，不为头衔、地位所左右

组织体系是如此缜密完美，无论缺了谁工作都能顺利运行，一如既往。看到这一切，你不禁要问自己："我存在的意义在哪里？"工作之外没有自己的世界，这样的人在年龄上虽已成年，但他们与那些心智尚未成熟的人有区别吗？

从前有元服[1]一说，在仪式上要把孩子前额的头发剪去，象征斩首，更改姓名则意味着作为孩子的他已经死

---

[1] 元服，日本古代贵族及武士家庭中男性举行的成人仪式，主要包括束发、加冠、更衣等环节。

去，作为成人的他复生了。因此，丢掉孩提时代的名字，人们给他起一个成人的新名。

当代没有元服仪式。但是，在人生的每个阶段，每个人都必须依靠自己的力量，举行一个与元服相匹敌的仪式。今天，没有人会给你起一个成人的名字。人到中年，某一天当你突然发现，自己的名字原来只是暂时的，你需要举行一个仪式，让自己懂得什么才是真正的名字。

有些人不懂得这个道理，他们错误地认为，某某部长或某某局长这些暂时的名头就是自己真正的名字。当然，中年时他们风光无限，活得很开心。但是，一旦步入老年就不知该如何是好，那些虚名下的荣耀会消失殆尽。此刻，他们真的成为"无名"之人了。有人对外称自己是"原某某部长""某某名誉会长"等，以求保住一时之名，但似乎不太奏效。

有一个解决办法，就是在虚名的光环之下一直工作，六十岁左右突然倒下，然后得一个光荣的法号。但这一招不太如人愿，因为人没那么容易就去另一个世界。考虑到这些，我觉得人到中年时，一方面应尽力做好本职工作，另一方面应努力寻找真正的自我，这才是上策。

35. 我们从不幸中学到了什么

阪神大地震时拙劣的应对措施，日美经济摩擦的原因，校园内的欺小凌弱，这些现象似乎风马牛不相及，实际上原因只有一个，就是官僚作风。如果简单地认为，找出办事不力的官员，就可以解决问题，这样的想法过于简单了。

日本人在这次大地震中非常守序，没有掠夺或暴力事件发生，许多外国人对此交口称赞，他们感到非常吃惊。现场的一些情况被摄影机如实记录下来，外国人对此印象深刻。

受灾当天，每个人只能分到一个饭团，尽管如此，多数人没有发火生气，也没有人不停地抱怨，大家非常遵守秩序，这在国外是不可想象的。但是，很多外国人也批评指出，日本政府的应对行动实在太慢。举一个例子，洛杉矶发生地震时，美国总统第二天就决定发放1 700万美元（约合17亿日元），用以安慰大家受伤的心灵。而在日本，是由我们自己的组织——日本临床心理医师协会——通过会员捐赠和提供无偿服务来安抚灾区民众。

说到这里，我突然觉得，这些事情的发生，出自同一个原因。日本虽已西化,欧美个人主义的想法也流行甚广,但是,从前日本的人际关系,并非个体之间的交往,大家的心似乎是连在一起的。即使不制定规章制度一一说明,彼此之间仍有一种连带感,大家以此为前提来处事。

大阪和神户都是大都市,人际关系也是都市型的,个人主义色彩相对浓厚。但是,危急时刻来临时,从前的性情自然流露,每个人都体会到那种心心相印的感觉,出人意料。居住在城市里的人们,过去甚至对邻居的情况一无所知,此刻却感受到彼此心心相通、命运与共,多么温暖啊!甚至有人说,经历灾难才有幸体会到人间的温情。

此时此刻,日本政府发挥了什么作用呢?在做决定时,认为不先听听某人的意见是不行的,或者担心如果一个人做决定会遭受指责,被人说成想独霸功劳。总之,做决定之前考虑过多,非常介意他人的看法。在政府官员反复考虑、与他人商量时,时间就这样悄悄溜走了,如果其间听到各种不同的声音,岂不又要浪费更多时间才能做出决定。人们对政府的办事效率表示愤慨,那么,如果你站在政府官员的立场上，是不是能够一个人做决定？有没有这样的决断力？这一点我们应该考虑一下。

在这次大地震中，有些地方之所以能顺利躲过二次灾害，是因为这些地方的人们既互相团结，又有敢做决定的领导。两者完美结合，使他们顺利逃离了灾难。

看到如此种种，我觉得不要丢掉过往人与人之间的团结，同时，训练自己在紧急情况下的决断力，是我们今后应该面对的课题。虽然不太容易，但只要不懈努力，还是有可能实现的吧。

人们会在某一时间节点找到适合自己的解决办法，这是个性的闪光之处、精彩之处，特别棒！跨越了危机的人，会感到自己的见识又增长了一圈。

36. 培养作为"国际人"的视野

日本的年轻人虽然也出国，但他们似乎还没有和外国人展开真正的交流，这不免令人遗憾。我们有必要建立一套体系，让他们能展开真正的对话。

还有一种意见认为，如今世界已国际化，每个人都是国际社会的一员，没有必要再对日本人说长道短。我却不这么认为。想方设法埋没自己的个性以求与他人友好相处，大概没有人这么想吧。另一方面，富于个性就意味着与他人不同，或者无法与他人友好地交往，大概也没人这么认为吧。

如今是国际化社会，我们要作为国际社会中的一员来为人处世，正因为如此，有必要对日本人的自我认同问题做一番思考。

当今，日本经济实力强、在发达国家中社会问题少，这些都获得了国际社会的称赞，因而现在国际上对日本人的评价也以赞美居多。的确，和欧美人交谈时，他们经常问我"日本今天繁荣的秘诀是什么？"。出于这层原因，我对日本人的优点谈得也比较多。但是，优点和缺点是互为表里的关系，换一个角度思考，优点可能也恰好是缺点。对此，我们要有足够的认识。

37．思考一下年轻时应该做的事情

曾经有学生大学毕业后不求职找工作，说是为了拖延长大成人的时间。然而，现在我们需要提防的，是那些对人生不按暂停键的人。他们没有任何目标就考进了大学，按照教师的要求学习并完成学业，然后进入一流公司，这样的人不断增多，他们很早就步入成年人的行列。过于一帆风顺导致他们缺乏韧性，这很危险。步入中年之后，他们才开始思考长大成人的意义。因此我觉得，如今不是青年人烦恼，而是步入中年后大家开始烦恼。人到中年，发病率最高的是抑郁症。对待这样的人，公司不应该放弃，应该给他们一年左右的假期。一旦克服了困难，他们就能步入一个崭新的境界。从青年到成年有一个准备期，中年到老年也有一个准备期，对于第二个准备期，人们却意识不到。

以前的学生往往外强中干、虚张声势，一番喧嚣叫嚷后，基本一事无成，什么也没有留下。与之不同，如今的年轻人保持着清醒的头脑，然而这到底是幸运还是不幸呢？换句话说，如果仅靠意识形态与人斗争，什么问题也解决不了，对于这一点，现在的年轻人十分清楚。他们不会举着意识形态大旗冲进成年人的队伍里摇旗呐喊，在我看来，这样的年轻人多少有些可怜。不过，其实也没那么简单。他们看似乖巧老实，缺乏冲劲，但头脑里并非空空如也，也不会对他人唯命是从。大家还是各有各的苦恼，各自不断求索，其中不乏用心之人。

还有一点，我觉得现在年轻人的苦恼很有深度。过去的学生也因生存的意义、生活的目的等问题感到苦闷，但那个年代，人们总误以为靠意识形态就能从苦闷中解脱出来。

人的个性是不变的，但是，我们却未洞察自己个性的特点之所在。每个人都拥有独特的创造力，有待我们去寻找、去发掘。拿散步来说，走向哪里也是一种创造。大家无须多想，大胆尝试，带上自己的构思和创意即可。我们接触过许多精神错乱的人，从某种意义上来说，只有找到每个人独特的创造力，才能进行有效的治疗。

年轻时就拥有自己的想象力和创造力，这样的人很厉害，他的世界别人是无法闯入的。

38. 勇于越雷池半步

离开时间，现代人无法生存。不能如期赴约，别人就不会把你当作成年人来对待。结果就是，大家都被时间追赶着，愁眉不展。

协调时间是当代人的一个难题。一方面要按时间表做事，另一方面又不想被时间束缚、被时间追赶。办法之一，就是在生活中确保拥有这样的"时刻"：有时"忘掉时间"，有时"不理睬时间"。

自由度变大是一件有趣的事情，而且相当有趣。古时，人如果到了15岁还没有成熟，也许会自杀或被人杀害。也就是说，彼时与社会行为规范相悖的人是很不幸的。但在今天这已不是问题，这一点值得肯定，那些与社会行为规范相悖的人也可以活得多姿多彩。

但是，由于当代没有固定的生活模式，究竟该做些什么，很多人对此深感迷茫。所以说，自由度变大使我们获得幸福的机会增加了，同时，陷入不幸的可能性也随之变大。举一个简单的例子，言论自由丰富了我们的视听，但另一方面，不适合高中生阅读的刊物也随处可见。如果把这些刊物都加以管制，又显得无聊。所以我认为，幸福和不幸是成正比的，这就是社会。

许多原有的边界变得越来越模糊，诸如男与女、父与子、生与死……从某种意义上来说，生存变得越来越困难。较之从前，取得成功的可能性变大了，但同时，身处边界与边界之间的夹缝中，一些失败和挫折始料未及，它们发生的概率也有所增加，对此，我们必须有一个清醒的认识。

39. 换一个角度重新审视我们的生活态度

关于"半步"，我听到过两个故事，印象深刻。

一个是从某公司的科长那里听来的。"现在的年轻人真让人头疼"，这种感叹哪个时代都有。的确，对中老年人来说，处理和年轻人的关系真不是件容易的事。但是，这位科长在年轻人中的口碑很好，也没有因投年轻人所好而被同龄人讨厌。我问他其中的秘诀，他告诉我："靠近年轻人半步。"如果和年轻人保持一定距离，身居高处或远离他们，站在这样的角度进行批评教育，唠叨他们的不足之处，基本没什么用。但是，如果靠近年轻人，在你为自己赢得了好口碑而高兴时，又会被他们那些无理的要求困扰。所以说，只靠近"半步"，恰到好处。做起来可能会有些难度，但我觉得，"靠近半步"这种说法特别好。

接下来，是另一个关于"半步"的故事，与刚才的情况完全不同，这是我道听途说来的，真假有待考证。以前，职业棒球界有位非常有名的 M 内野手（在内场处于防守位置的选手），他在称赞自己的师兄 Y 内野手时表示：Y 选手比他强。当有人问两人到底差多少时，他回答说："半步之差。"然后又补充道："要弥补这半步之差，需要花费十年的功夫。"这个故事也很精彩。

半步之遥，很容易被理解为相差无几、微不足道。但是，如果是十年之差，就相去甚远。这个故事极富启发性，它告诉我们，人生中有些差距看似微不足道，实际却相隔很远。而有些差距看似很大，换一个角度来思考，又显得微不足道。认为那家伙和"我"之间相差仅半步而已，便懒于勤奋，差距一下子就拉大了，大到十年之苦都追赶不上，我们周围这样的例子还少吗？如此想来，刚才提及的"靠近半步"，也绝不是一朝一夕就能做到的。这一点大家理解了吧。

试着用这样的眼光来重新审视我们的生活态度，不难发现意味深远的"半步之差"无处不在，比比皆是。

第五章

恋爱·结婚——恋爱结束后,关键时刻才到来

最近，享受单身生活的人增多了。每个人都有自己的生活方式，没有绝对的标准。不过，一般而言，结婚生子尽一点延续种族的义务，也是人之常情吧。种族存续的话题有点过于庞大，不过为了保存自己的基因，让家、地域和社会维系下去，考虑到这些因素，结婚还是非常重要的。

因此，结婚与其说是一件个人的事情，不如说是作为社会一员的我们面临的课题，这样说来，相亲也在情理之中。个人主义思想产生于近代欧洲，这一思想彻底改变了人们的思维方式，恋爱、结婚因此被赋予了很大的意义和价值。

有史以来，男女之间的艳闻遍布世界每一个角落。与此相异，肯定恋爱的价值且认为它是结婚的前提，这种想法诞生于近代欧洲。因为有爱，男女两性才结合在一起组建家庭，这样的想法后来传入日本，发展至今。问题在于，恋爱、结婚的感觉实在非常美好，以致大家完全意识不到其危险的一面。我的意思并不是说，因为存在风险，所以不能恋爱和结婚。一般而言，有价值的东西也常伴着危险，我们要认识到这一点。

恋爱，是很难控制和把握的。从超越自我这一层面来说，恋爱可以一下子让人接近动物或接近神灵。恋爱中的人们都有着相似的经历，重要的是，恋爱结束之后——不论是失恋，还是最终收获这份情感——你从中收获了什么？也许，没有比经历一段恋情更有助于人们成长的事情了。

心已变冷的人，他们不再对恋爱、结婚感兴趣。但是，应该仔细想一下，自己的心是不是真的变冷淡了？

40. 婚姻能否真正治愈人们受伤的心灵

我想对现在的年轻人说，你们做什么事情都可以，就是不要盲目地赶时髦，"两个人如果因爱而结合，就一定会获得幸福"——这是一种"危险的思想"。

由于夫妻关系到我这里来咨询的人有所增加。也有人一开始来谈孩子的问题，随着交谈的深入，话题渐渐转移到夫妻关系上。如果只听一面之词，你会认为他（她）的另一半非常差，但实际上，当我见到他（她）的另一半后，感觉完全不是这么回事。夫妻两人其实都很好，但涉及两个人的关系时就要另当别论。旁人心目中的好人，在夫妻关系中、在另一半眼里，一文不值，这种情况屡见不鲜。

如今，夫妻关系变成了一个很大的问题。欧美的夫妻模式进入日本后，人们不知该遵循哪一种模式建立夫妻关系，于是便产生了混乱。

有人始终坚持单身不进入婚姻，有人离婚后不再结婚，也有人维持着婚姻关系，这些都是个人的自由，没有对与错可言。不过，在我们国家，如果你由衷地希望维持这段婚姻关系，你的初衷很可能会成为一种契机，让你对宗教敞开心扉。

这里所谓的"宗教"，不特指某一宗教派别。总能感觉到某种超越自我的存在，不刻意回避由此产生的现象，观察并试图理解它，这就是所谓的"宗教"。比如说，某人知道他的妻子痴迷于其他男性，嫉妒得快要发疯。然而，当他见到那个男性时，却丝毫感觉不到他的长处。非但如此，同样作为男性，丈夫完全看不上对方。"迷恋这么蠢的男人，真是个笨女人"，于是他想到离婚，却无论如何也舍不得离开她。他纳闷，这究竟是怎么回事？按理说，这种情况除了离婚没有其他选择，可是，他就是离不开妻子。看清楚这样的自己，思考这一切，由此就和宗教问题连接起来了。总之，这是一种超越自我的力量，对于它发挥的作用，需要我们加以思考。

41. 关于相互理解和认可

有一对夫妻来找我商量离婚问题，为了解释夫妻之间的互补关系，我打了一个比方。所谓"夫妻"，就像河中的两个桩子，夫妻关系好比这两个桩子间撒开的网。选择靠近自己桩子的那个人，虽然撒网比较容易，但收获的鱼很少。如果选择远一点的桩子，撒网虽然困难，但一旦撒下去，就能捕到很多鱼。你不妨贪心一点，选择一个离自己远一点的桩子，虽然因此放弃了在中间撒网的机会，但可以期待未来收获更多的鱼。所以，为什么不再试一次呢？

夫妻俩很好地领会了我的这番话，完全出乎我的意料。

日本的年轻夫妻能够自立，过着幸福的小日子，是以依靠其中一方的父母为前提的，这种情况比比皆是。说是自立，其实很大程度上在依靠他人的帮助，对此大家应有明确的认识。然而，令人遗憾的是，许多人还意识不到。

在日本，母与子之间的关系强而有力，在各种人际关系之中，它作为基本模式发挥着重要作用。谈到两性关系，大家很自然地认为，恋人之间就是男与女之间的关系。但实际上，婚后孩子的出生会使夫妻关系发生微妙的改变，更倾向于母与子之间的关系。

过去日本有这样一类男性，他们在家逞威风，为所欲为。多数情况下，夫妻关系是"母亲"和"儿子"（淘气包）之间的关系。一旦男方不再淘气，就成为受"母亲"支配的"儿子"。

有的人会给男性下定义、贴标签。比如说，认为男性就应该坚强。虽说这不是绝对的，但有人就这么认为。这样一来只会让事情变得更混乱。即便是男性，软弱一点儿也没什么不好，如果大家能明白这一点，人生会变得轻松愉快许多。所以说，人活在世上充满着各种可能性，但人的意识却在挤压它、压缩它。在我看来，人应该以自己的身体为榜样，身体做得很棒，意识却相形见绌。人本来就是这样，如果我们把人的这一本性挑明的话，事情就不好办了。

但是，我们都会遇到与此类似的情况。"一切尽在不言中"，这句话很好地体现了人与人之间的相互关爱。真的很神奇，不可思议。实际上，各种人际关系都是如此。

42. 离婚，以此期待幸福的来临

中老年人离婚的人数有所增加。现在的中老年女性，她们从结婚起就一直承担着"母亲"的角色，50岁以后迎来了"思春期"，这一次，她们想为自己而活。中老年人离婚多是由女方提出的。男人抱怨，我们努力工作，为妻子倾尽所有。妻子却说："我一直都在忍耐。"两者的回答截然相反，退休金成为离婚的分手费。离婚后，女性能独自生活下去，男性却不能，有些人甚至因离婚后生活一团糟而选择自杀。

如今，人们凡事都要讲究一个原因或理由，固执地认为只要找到了原因或理由，问题就迎刃而解。我却认为，两人决定分手，有时说不清楚原因，有时不得不分手，这种情况在急剧增多。

有位离婚的女性告诉我："每天我丈夫一定在同一时间回家，可我就是听不得他的脚步声。"过于刻板的社会，导致大家丧失了自己的个性。作为妻子，她也无法充分发挥自己的个性，无法获得社会的认可，她不知道该如何定位自己。

一般来说，优点与缺点是表与里的关系。夫妻两人在指责对方的缺点时，如果能把缺点理解为优点，事情就好办了。比如说，丈夫指责妻子时说："你过得太抠门、太小气了。"那么做丈夫的如果能再节约一点，问题就解决了。又比如，妻子责备丈夫时说："你总是磨磨蹭蹭的。"如果妻子能学会些悠闲度日的本领，不就平安无事了？但是，做出妥协，常常让人感到自己放弃了从前的生活方式，牺牲了自己的人生。

从协商到理解，似乎总觉得对方在强迫自己做出牺牲，因而很容易产生对抗情绪。于是，在旁观者看来一些没有必要在意的事情，却会在夫妻之间引发争吵。因为一些连自己都觉得鸡毛蒜皮的小事，大叫着"我要离婚"。

此时，如果配偶以外的异性表现出一点点热情，就会倍感温暖，从而把恋情转向他人。对现实认识不足的人往往会这么做，再进一步就是为了和他（或她）结婚而与丈夫（或妻子）离婚，然而，这一次的婚姻，终有一天也会出现争吵。

最重要的一点是，不要轻易认为结婚就能获得幸福。由于对幸福的期望值特别高，稍有不如意就埋怨对方，埋怨周围的某某，硬要找出一些别人的不是，然后牢骚满腹。为一些没有必要的事情叹气，怨恨他人，这样做只会徒增痛苦。如果从一开始就不对幸福奢望过多，抱着平静的心态去生活，我们就能面对问题，而不是找其他原因。

婆婆带了些东西到儿子家来，她心想"我带的都是儿子喜欢吃的东西，如果媳妇爱自己的丈夫，他们两个人都会开心的"。然而，媳妇却闹情绪了，对此婆婆觉得莫名其妙，这就是一种典型的直线型思维。

日常生活中，媳妇对那些侵入到自己生活范围之内的人感到不满，婆婆也包含在内。这个时候最重要的，不是直接攻击指责对方，而是要尽量克制自己的情绪，反过来在自己身上寻找问题。

关注自己的内心是一件痛苦的事情，它使你无法仅依靠指责对方来解决问题。直面困难，勇于挑战，做到这一点，需要女性不以自我为中心，不无限制地扩大自己的"势力范围"。

43．心心相印的交流

新的家庭关系尚未形成，人们对此不知所措。我认为在日本最困难的，是夫妻之间的对话。

有些丈夫心里十分明白妻子为自己付出了许多，尽管如此，就是做不到当面对妻子道一声感谢，本想好好表达一番感激之情，无论如何却说不出口。有人说，这需要勇气。我曾觉得用"勇气"一词多少有些言过其实，不过仔细想一想，用在这里非常贴切。不畏艰难险阻，勇于做自己应该做的事情，如果说这就叫作"有勇气"，那么"勇气"在此用得可谓恰到好处。在日本，有些男性缺乏勇气。

再来看看那些富于勇气的女性。出于对那些没有男人味的日本男性的不满，有些日本女性嫁给了美国人。有位日本女性，她的美国丈夫有一位朋友她非常讨厌。一次，丈夫请这位朋友来家里吃饭，她热情款待，尽管其中有些勉强的成分。

但是，之后有一天她还是没有忍住，告诉丈夫，其实自己非常讨厌那个人。丈夫一直默默地听她讲话，她觉得丈夫已经非常理解自己的心情了。可是没过多久，丈夫又把那位朋友领回家来。她觉得自己的情绪完全被无视，一气之下想要离婚。

面对这一切，美国丈夫认为，妻子的爱才应该被怀疑。讨厌那个朋友可以直说，但是同时，也应该听听丈夫的看法。妻子可以告诉丈夫：如果你想和那个朋友交往，可以把他领回家，但我不接待；或者说，如果一个月一次还能忍受；等等。总之，两个人一起努力想办法，找到都能接受的方式，这才是彼此相爱的表现。只表达自己的厌恶之情就置之不理，说明夫妻之间没有爱情。

此时，她没有一味忍受，没有日本式的逆来顺受，她清晰地表达了自己的厌恶之情，证明她已经摆脱了日本女性待人接物的方式，有了些阳刚之气。但是，在直截了当地表达自己的想法之后，她还应该考虑丈夫的情绪。由于她缺少了这份体贴，才招致丈夫的质疑。

44. 先了解自己，才能展开交往

为了保持某种合作关系，彼此之间需要一定程度的了解。总之，相互信赖是必须的。随着信赖程度的加深，人会产生一种错觉，好像对对方已经了如指掌，这种情况不在少数。

但是，异性之间真正地理解对方是近乎不可能的。处于合作关系时，并肩朝一个方向努力。然而，当两人从正面注视对方时，彼此之间又了解多少呢？发现自己一无所知，发现对方的想法出乎意料，我们为此吃惊不已。

说实话，这样的事情之所以会发生，不是因为你不了解对方，而是因为你对自己一无所知。

有一种浪漫的爱情，彼此之间的爱在不断加深，感情在持续酝酿。但是，在平安时代[1]，男女相见之后就立刻行男女之事，而且男性总是四处拈花惹草。这虽然和浪漫的爱情全然不同，但男女结合时，会有一种生命即将终止的体验。《源氏物语》把这些情节描写得很美，也试图将这种美传递给读者。因此，我认为把这本书看作恋爱小说的

1　平安时代,日本历史上的重要时期。其间,政治制度日益成熟,经济繁荣稳定,文化艺术取得了极高的成就。

观点是错误的。

有一种病叫无性欲综合征。现实生活中，患这种病的夫妻在不断增加。之所以会这样，是因为他们把性爱仅作为一门技术来掌握，不再有乐趣可言。如果夫妻双方追求的就是这种关系，我无话可说。但若只把它作为一种经历或一门技术来看待，那就和人际交往的恐怖或有趣之处存在本质不同。因此，我们有必要重新寻找性爱的真谛。令人遗憾的是，人们从很早开始就被灌输了许多错误的东西，破旧立新变得十分困难。从这一层面来讲，现在的年轻人非常可怜。

45. 不要被形式迷惑

结婚典礼上，人们常说："两个人完成了爱情长跑，喜结良缘。"听到这些，新郎新娘脸上洋溢着灿烂的笑容，就好像参加马拉松比赛最终撞线赢得第一名一样。然而，果真如此吗？所谓"结婚典礼"，不是终点，而是一个起点。

和一些年轻女孩交谈时，常令我吃惊的是，对她们来说，"做新娘"似乎非常重要，甚至是人生唯一的终点。

而且，她们大多梦想着举办一场"完美无瑕的结婚典礼"。她们所谓的"结婚典礼"，多不指仪式，而是婚宴。穿着漂亮的衣服，挽着王子般的新郎，烛光点点之中，沐浴着朋友知己的掌声，音乐在半空中回响。

结婚，认真想一想，你会觉得没有比它更加不易的事情。即使你不认真思考，许多琐碎的事情也会接踵而来。现实生活的重担会立刻压在年轻夫妇身上。如果你觉得长跑已经结束，赢得了胜利的奖杯，还想开一个庆功会，那就大错特错。今后你们还要继续跑下去，而且跑得更加用力。

我甚至认为，结婚这件事没有终点，应该把它当作一个过程来把握。当你觉得两个人已经完全能够互相理解时，比以前更不可思议的东西会冒出来。你认为已经到达了终点，其实下一段旅程就在眼前等着你。婚姻以过程为重，并非到达哪一个节点就算万事大吉。这个比赛有些残酷，不知何故两人就站在了起点。这段旅程荆棘密布，如果能预先了解这一点，你们两个人也许根本就不会站在起点的位置。

当然，上天是狡猾的，为了不让人们感到畏惧，会让大家产生一种错觉，认为结婚何其美妙，完成了一段爱情长跑，给许多女性埋下了渴望结婚的种子。此时，人也应该聪明一点。但如果聪明过头，以至于不准备步入婚姻，那就意味着在逃避痛苦的同时，也失去了快乐。总之，不要弄错开始与结束，聪明到这种程度，就是恰到好处。

开赛前由于过度准备而疲惫不堪，到了真正比赛时不能全力以赴，我们见过这样的体育选手。办婚礼时过于下功夫，以至于婚后的生活气力不继，如何避免这类事情的发生，我希望大家好好思考。

46. 爱的形式多种多样

爱，不是人能够控制的，男女之爱就是一个典型。但是，也有人执迷于挣钱，或是做一个车迷，热情之高令人难以理解。这些大家可能都有体会。

从合作关系转向互相理解，在这一过程中，夫妇两人也许都会感到苦恼。有人觉得结婚会让人获得幸福，痛苦、悲哀、愤怒等这些不快的经历越少，就越幸福。如果这样想，就更难以忍受这段转化的过程。

如果希望通过结婚获得幸福，十分看重这一点，那么这个阶段也许离婚更合适。其实这也是一种生活方式，不该受到谴责。总认为只有自己是不幸的，抱怨对方，憎恶这个世界，与其这样，离婚也是一个聪明的选择。

人的情绪是靠日常的琐事来维持的。有些人每天早晨喝酱汤，某一天突然停下来，情绪会受到影响；每天回家都会听到家人的问候，有一天突然听不到就会失去心中的安全感。

47. 做好准备，向世界挑战

日本的婚礼多采用神前结婚[1]仪式，参加婚礼时我对很多细节感到不解。看到新郎新娘交换戒指的一幕，我心里就想，日本的神灵从何时起对戒指感兴趣了？这也许是从基督教的结婚仪式中获得的启发。但是，一种宗教的仪式是否可以如此轻易地被导入其他宗教中呢？

实际上，日本原来没有在神前举行结婚仪式的习俗。有些人很聪明，他们看到在基督教教堂举行的婚礼，认为

---

[1] 神前结婚，又称神前式婚礼，日本婚礼仪式的一种，多指在神社的神殿内以日本神道教为基础举行的婚礼仪式。

非常不错，想到如果在神社里也这么做的话就能赚钱。于是，明治时代以后就出现了神前结婚的仪式。日本的宗教非常善于汲取和吸收，交换戒指之类的仪式也就应运而生。如此说来，唱赞美歌这种形式也很好，在神前结婚仪式上让赞美歌的音乐回响在半空，想来这样的场景离我们也不远了吧。

按理说，应该是新郎新娘在神前朗读誓词。但是，有人突然要求我这个介绍人来宣读誓词，我当时一脸茫然，不知所措。我抱怨怎么会有这么滑稽的事情，他们告诉我，如果让新郎新娘来读，他们不是读错就是读得不流利，让人听起来不舒服……听着这番话，我愈发不知所措。

最令我吃惊的是，也许是大家忘记了麦克风的切换，在仪式进行过程中，会场内随处可以听到音乐。神主在朗读祈祷文，背景音乐轻轻飘来，对此我真是无法忍受。但神主不介意，大家也不介意，似乎只要仪式从头至尾进行完毕，就是万事大吉。

从少女到为人妻，其中的转变是巨大的，就好像跨入了一个完全陌生的世界。人们希望用宗教来护佑她们，为她们树立信心，由此想到了相应的仪式，这大概是真正意义上的婚礼吧。但是，它的精髓却基本上从现在的婚礼中消失殆尽了。发现这一点后，为了挽回损失，人们绞尽脑汁把婚礼办得豪华。善于做生意的人瞅准商机，不断推陈出新，策划出一个又一个花费颇多的婚礼，年轻人也顺势举行着一个又一个奢华的婚礼。与此同时，人们又因其内容的匮乏而哭泣。

第六章

宗教・死亡——人不免一死

动物中，恐怕只有人能意识到自己一定会走向死亡，要说麻烦，的确如此，但正因为死亡的存在，才使人发现了生存的意义。

有史以来，人类就为如何看待死亡备尝艰辛，宗教的诞生便始于此，它奠定了人们的人生观和世界观。也因此，人的一切活动——现在被分为政治、艺术、军事、科学等领域——都被充满了宗教色彩的世界观所控制。

但是现在许多人们熟知的领域都从这里分离出来，独立发展，其中尤以自然科学威力最大，甚至威胁到其本家——宗教——的存在。正因为如此，标榜自己是无神论者的人增加了。

依靠自然科学，诸多现象得到说明，也获得了大家的理解。自然科学可以解释他人的死亡，却对自己的死亡无能为力，宗教的作用就体现在这里。理解"我的死亡"，是一个非常个性化的问题。不过回顾历史，会发现多数宗派形成了自己的集团和组织。其中似乎存在比较大的矛盾。组织体系的维持是一件很落俗的事情，但在宗教世界中有着举足轻重的意义。有些人不信教正是出于这层原因。

为科学技术的进步保驾护航，让人生充满意义，将是21世纪宗教面临的重要课题。不拘泥于现有的宗派，每个人都对自己的死进行一番思考，只有如此这一课题才能逐步深入。

48. 宗教与心灵同在

从前人们更倾向于集体行动，但是如今，大家基本独立完成任务。从前大家一起去参拜寺院，共同感受恐惧，一起笑，一起哭，现在人们大都自己来做。正因如此，个人独立承担的事情如今多如牛毛。

从前的人一听到雷声会害怕。雷声响起时，说着"哎呀，神仙下凡了"，全村人一起祈祷。换句话说，在全村的集体活动中，体现着每个人的生存之力。

而今我们更喜欢"自立"，独立为之。但是，很多时候人们靠个人的力量无法完成，又不知不觉退回到集体当中。从真正的意义上讲，这不叫自立，真正的自立，要求你自己独自承受一切，诸如恐惧等。

如果有人说，他生下来就从未因恐惧而发抖，那我无话可说。也有人仅仅由于周围生活着太多的人，就会感到不安。

对一切不闻不问，机械地生活，我们创造的是这样一个社会。事实上，有一种恐惧一直存在，关键在于每个人怎样认识它，如何在不破坏社会大环境的前提下生存下去。

在去除表层的恐惧方面，人类进步颇多，比如打雷时有避雷针。然而，生存的恐惧是绝对躲不开的。我认为，如果生活中连这一点也被掩盖的话，那么活着还有什么价值可言？

有人说，今后将迎来一个心灵的时代，或者说宗教的时代。物质生活骤然富足，街上的商品琳琅满目，心灵反而贫瘠起来。因此，我们有必要重新认识灵魂的重要性，宗教的作用也在这层意义上凸显了出来。

举例而言，如今的年轻人对妖魔鬼怪抱着极大的兴趣，而且创造出一些稀奇古怪的宗教。年轻人对妖魔鬼怪感兴趣，那是他们质疑和拒绝自然科学万能论的表现。不仅如此，他们认为人世间存在心灵、灵魂等不可思议的现象，而这些靠自然科学理论是无法解释清楚的。

也许人世间真有这种现象。但是，如果认为依靠妖魔鬼怪式的魔法或者其他方法就能梦想成真，那就错了。

人是在成长的。"是不是应该按照父母的意愿活着？""长大成人到底意味着什么？""人生的意义又在哪里？"——有人开始思考这些问题，然而没有人告诉他答案。如果孩子能深度思考这些问题，学习成绩就变得无关紧要了。然而，有些父母对此一无所知。在他们眼中，孩子像是出了故障的机器，甚至需要依靠那些貌似宗教的东西来修理。

49. 用免罪符拯救不了心灵的贫瘠

心灵是用眼睛看不见的。何止眼睛看不见，整个五官都无法确认它的存在。也许正因如此，有些人虽然已经认识到心灵的重要性，却不知道该如何善待心灵，一些意想不到的陷阱就此出现。

比如说，家中发生了不幸，或者遇到一些事情不能得偿所愿，就有人说那是因为某某在作祟，或者说只要你信仰某种宗教，一切就会好起来。此刻，你也许会心动。这种事有时说不清对与错。但是，如果有人为此索要钱财，你就要好好想一想了。

生活得非常健康又毫无顾虑时，人们也许认为自己不会被那些愚蠢的事情迷惑。但是，人世间存在一些捉摸不透的疾病和不幸，它们往往出人意料。而且，当人身陷困境时，心中总想抓住一根救命稻草。此时，如果有人告诉你那是由于某某在作祟，或者应该举行某种仪式用以驱除不祥，你也许会相信。作为一名心理咨询专家，我常与身陷不幸的人打交道，从中也了解到一些情况。有些人乘人之危玩弄宗教性的语言，巧取豪夺他人的钱财，对此我深感遗憾。

有一户人家的儿子就是不愿意上学，三言两语也解释不清。有人告诉孩子的父母是因为某某在作祟，为此他们花了十万日元的解谜费。挣十万日元很不容易，但是如果不这么做，面对一个不肯上学的儿子，早晨起床时还得强装笑脸说声"早上好",相比之下哪一个更吃力呢?后者看起来似乎稍微轻松一点,其实不然。

家人之间能够心灵相通,做到这一点非常不容易。心灵,不是我们能够轻易左右和摆布的。你本想笑脸相迎,却怎奈怒气上扬;想试着藏起愤怒,笑容以待,却很快露了马脚。如此说来,反倒发泄怒气才是心与心之间的交流吧。开始思考这些问题时,我就愈发感到其中的困难和不易。但是,思考着、苦恼着、琢磨着什么是真正的生活方式,这才是所谓的重视心灵吧。心灵是无法用眼睛看得到的,但我觉得,它体现在人际关系这种具体的形式之中,如今尤其体现在家庭关系之中。当你把钱财投入宗教活动,投入这种用眼睛看不到的事物上时,这本身不是一件坏事,但是,你有必要反省一下:自己是否将其作为一种免罪符,用以弥补自己无视心灵的生活态度和生活方式。

50. 扎紧心灵的篱笆

所爱之人生病时,渴望他尽快康复是人之常情。有时你们之间的关系如此亲密,你甚至会祈祷用自己的生命换回他的健康，此刻的你完全进入一种祈愿的状态。祈祷虽不能治病救人，但当他痊愈时，你还是感觉到是神灵听到了你的祈祷，甚至觉得病人是靠祈祷才被治愈的。当你认为两者之间存在因果关系时，会带来什么样的结果？之后无论谁生病，你都会抱着这样的想法，希望依靠祈祷来治愈病人。

手术是一种有效的治疗技术，因此也适用于其他病症。但是，宗教式的祈祷却截然不同，对此，我们必须有所认识。

有一户人家的儿子在上中学，突然从某一天开始他不上学了，家长说什么都无济于事。他的成绩一直很好，而且为人坦诚，是大家公认的"好孩子"。父母带他去看了医生，得到的答复是，身体没有问题。这孩子是独子，一直以来父母都寄予厚望，也正因如此，他们很失望。而且，由于找不到原因，父母愈发不安。

就在这个时候，一位陌生人来到家中拜访，问了一句"你有烦心事吧？"，恰好言中了他们的烦恼所在。于是陌生人又告诉他们，这是祖先的灵魂附体导致的，必须祭祀祖先。家长愈发觉得这位陌生人说得对，他们出高价买了护身符，还有瓶瓶罐罐一大堆东西。问题是，孩子是不会因此就去上学的。

诸如此类的事情，我们这些临床心理医生不知听到、看到过多少。就连那些认为这些举动非常愚蠢的人，当他们遭遇不幸时，也往往变得想要依靠这样的骗局，并为此不惜重金。这究竟是为什么呢？

依靠科学技术的进步，人类实现了登月的梦想，把许多事情变为可能。过于信任科学技术，以至于人们想利用这种方式解决所有问题。孩子不去上学，就考虑是否有好的解决办法。觉得孩子有些奇怪，就认为孩子哪里出了故障，修理一下就可以。有些人便趁机推销一些所谓的"好方法"——只要买了他们的东西祭奠一番情况就会好转——即便这完全不是科学的做法。很多人就是这样上当受骗的。

日本越来越世俗化了。在这种环境中生活，大家每天什么都不想，活得安心自在。但是，某一天人们突然意识到那些富于宗教色彩的东西，突然驻足思考自己的人生，此时，如果有一位强有力的领导者出现，人们很容易痴迷于他所说的话。

51. 逐渐被纳入科学的宗教

宗教与科学的连接之处在哪里，这是个难题。以科学领域中非常重要的方法逻辑实证主义为例，人死之后的世界是不被当作研究对象的。今天人们对科学或科学性的东西持怀疑态度，因此如果用科学无法解释，就会加剧人们对科学的怀疑。

"如果……一定……"，与这一模式完全相符的是科学技术。比如说，教主的预言一定能变为现实，世界末日一定会到来，等等。要证实这些，依靠现代科学技术是最有效的。宗教与科学技术的简单结合是多么危险，对此我们早已领教。

围绕奥姆真理教，人们探讨了宗教与科学结合的问题。奥姆真理教就像一幅讽刺画，揭示了两者连接在一起时的简单和荒唐。这种宗教既没有传播真正意义上的信仰，也缺乏科学的研究态度，有的只是对科学技术的简单利用，他们并未开展科学研究活动，对此我们要有足够的认识。

为什么会出现这种现象？原因之一就在于，随着科学技术的迅猛发展，一切都变得如此方便，以至于人们在宗教信仰方面也渴望找到既方便又立竿见影的东西。以我的职业为例，一个人哪怕发生细微的变化，也需要花费极大的努力和很长的时间去观测、去寻找。涉及人的存在价值时，人是不能操纵他人的。虽然如此，有些人却在轻而易举地"拯救世界"，对此我实在忍无可忍。一旦人们想要迅速拿到结果，科学技术必定会介入其中。实际上，宗教性的修为需要花费很多时间，在极度变幻莫测的世界中犹豫徘徊许久之后，你才能有所成就。

举例而言，只要我们祈祷就能被拯救，这本是一种内心的体会和感受，可是一旦确立起一种心理模式，即被拯救后就能收获快乐或好心情，就不得不利用自然科学的力量了。从结果来看，这是在利用自然科学行骗，靠这样的方法来演绎宗教。这是一幅将宗教与科学结合在一起的讽刺画，十分荒诞。

52. 日本的土壤孕育出独特的宗教观

有人说日本是一个没有宗教的国家，我不这么认为。迄今为止，许多富于宗教色彩的东西融于日常的琐碎之中，塑造了日本人的生活。与此相异，欧美人未必将宗教贯穿于日常,但他们周日一定会去教堂,基督教支撑着他们的生活。虽然我们吸收了欧美的许多生活方式,却将基督教从中剥离出来,使其与日式宗教结合在一起。这种日式宗教一直发挥着作用,不过近来似乎已经到达了某种极限。正是瞄准了其弱点所在,奥姆真理教乘虚而入。

访问欧美时,我感觉他们中的很多人开始对东方的宗教感兴趣。东方的宗教在战争的关键阶段发挥了怎样的作用?日本人的世界观和宗教观有什么意义?这些都是欧美人想弄明白的问题。

也有人认为,今天没有必要再提那些令人不愉快的往事。我不想揭短,如今日本人对自己很有信心。但是,此时更有必要清楚地认识自己。如果不能正视自己的优缺点,可能会遭遇意想不到的挫折和不幸。之所以提出上述建议,是因为我有种预感,将来它可能会发挥作用,日本还将面临必须做出某些重大决策的时刻。

53. 培养鉴别危险的判断力

在所谓的"宗教热"中,出现了极为严重的原教旨主义倾向。整体而言,信仰已有宗教的人正在逐渐减少。因为信仰新兴宗教，有些人丧失了做人的规范，导致混乱局面的出现。如今，骇人听闻的原教旨主义出现了，这是非常危险的。

平静地生活，突然有一天病入膏肓，无药可救。此时如果你信奉宗教，它就会发挥一些作用。但是，令人感到困惑的是，如果某一宗教被组织化、体系化，并且作为一个宗教团体继续发展下去，它一定会趋于世俗化。世俗化的宗教在世俗化的社会中力量巨大，而且集政治力量和经济力量于一身。与此同时，其本身的宗教色彩却逐渐黯淡。尽管如此，它仍能发挥一定作用，在一定程度上消除人们的不安，有些人也就趁机对其大加利用。

但是，当代青年的情绪躁动不安，面对他们，这种宗教就显得无能为力了。关于这份不安，青年们自己也无法用语言表达，只是模糊地感觉到，在自己的心中或外界有种说不清道不明的恐惧。于是，消除这种不安的某种"宗教"粉墨登场。它有着不同寻常的狂热，说得更明白些，就是近乎疯狂的东西。有些青年到我这里寻求帮助，他们被那些不能称之为"宗教"的宗教，或者说危险性极高的宗教吸引。为此，我不得不一而再、再而三地去面对、去解决，所以对此我非常了解。曾经学生运动进行得如火如荼，青年全身心地投入那场破坏性极强的运动之中，想想他们的身影，大家也许就明白我说的话了。

旁观者也许会说，没必要这么胡闹。但是对这些青年而言，不这么做就无法说服自己，而且其结果总是以破坏告终。在我看来，之所以会这样，是因为他们的追求充满宗教色彩，其中存在着问题。开篇之初我就强调，所谓"宗教"难以言传，道理就在于此。

新诞生的宗教，需要有相应的教义来阐述，这是其自身要解决的问题。教义的正确与否暂且不论，至少它要有活力。大家总希望在精神上有所依托，于是当新宗教诞生时，他们会极力宣扬其独特之处。但是，有些新宗教中存在欠考虑之处，很可能成为一种宗教生意，考虑到其危险性，我建议大家不要蜂拥而上。

极其聪明的人也会触犯法律，犯下令人难以置信的罪行，这是奥姆真理教带给我们的教训。也就是说，在缺乏合理性的思维中，也存在某种真实性，完全沉醉其中就会让人丧失合理性，失去对事物进行合理判断和分析的能力。这是多么可怕的事情！

54. 做好准备，面对自己

我还是认为，宗教性的东西需要每个人亲身去体会和领悟，并非是由大家一起来完成的。但有些人还是加入了某一宗教团体，要么出于喜欢，要么有些宗教团体对他们而言意义非凡。尽管如此，我还是觉得从本质上来说，宗教是非常个性化的。

近来，文化人类学家的研究证实，萨满教及密教倡导的一些理念并不荒谬，它们具有很深的宗教意义。但是，与这种深度无意识的理念沟通，存在着很大的风险，有人甚至因此患上精神分裂症。

人们习惯于解读周围看得见的事物、发生的事情，以便自己能够理解和接受。自己内心的感受和想法、与自己相关的事物等，这些人们也都试图去理解和接纳。此时，需要我们思考某种超越了自我的东西。我认为，这就是宗教。

55. 面对死亡我们应做好心理准备

我父亲曾身患癌症，我的哥哥是一名外科医生，他对父亲说："体内有一部分溃疡，我给你做手术。"父亲回答道:"啊,是吗?"之后就再也没有问过自己的病。父亲是一名牙科医生,他大概早已清楚自己身患绝症,只是不说出来而已。我认为这是一种非常豁达的生活态度。如果那个时候他要求哥哥告诉他真实情况,这样的做法明智吗?

每个人最后的仪式还是应该由他本人做决定,我并不认同罗斯在《死亡真面目3》[1]中所讲的那样,大家都说得清楚明白就是好的,就是正确的。

当然,也有人喜欢沟通,把一切说得明明白白。

步入现代社会,人类发明了许多机器,通过"操作"这些机器,生活变得既方便又有效率。病人也可以通过开药或手术等"操作"进行治疗。其后,人们进一步扩大这种方式方法的适用对象,试图通过"忠告"或"指导"的"操作"方式,对待那些心中有苦恼或存在其他问题的人,现在就形成了这样一种趋势。不能否认,这些方法的确取得了很大的成效。但我想强调的是,我们不能因此一味地依靠这种方式,或是过度地运用,因为这样一来,许多负面的作用也会随之而来。

---

[1] 《死亡真面目3》(*Faces of Death III*),1985年在美国上映的恐怖题材电影。

人不是机器。即使不施加影响，人自身也有某种潜在的可能性，这一点也许本人都没有意识到。随着人们对这种潜在可能性的发现和了解，情况就会有所变化。此时，如果我们进行一些不必要的"操作"，就会破坏这种潜在的可能性，或妨碍它的发挥。

前些日子，我看到电视上的一则新闻报道。有一位医生，当他给患者减少药量或停止用药时，患者的病情较之原来有所好转。作为一名医生，这种行为是需要勇气的。这样的做法似乎也适用于其他方面。但是，这并不意味着外行人可以随意减少自己的用药量。这个例子告诉我们，与其"治疗"，不如依靠病人自身的康复能力，这种医疗方法值得我们认真思考。

有些人缺乏宗教式的思维方式，对待自己的死亡、对待人生的终结，没有做好相应的心理准备。他们没有考虑过人生还有终点，一心只想如何更幸福地生活。这样的人只为赚钱和发迹忙碌，他们的人生是有缺陷的。如果有人突然说到世纪末战争或世界末日论这样的话题，他们就会不知所措。奥姆真理教击中了日本社会的盲点，这样的宗教团体还会层出不穷吧。

让死亡变得不再可怕，这种药应该由每个人自己调制，每个人的生活态度就是这种药的配剂。

自古以来，许多宗教都提供了关于"死亡的故事"，每个故事都没有把死亡作为一个简单的结束，它们尝试着在人类循环往复的繁衍生息中给人的一生做定位。有人觉得，其中的某一个故事就是"我的故事"，这样想我觉得不错。问题在于，这种"死的故事"与我本人"生的经历"之间存在何种联系，两者赋予对方何种意义，对此我们要好好思考一下。另一方面，最近发生的奥姆真理教事件也警示我们，对某种死亡故事不加思考地承认和接受，存在相当大的危险，这一点我希望大家谨记。

有些人不能接受某一特定宗教中的故事。对他们而言，需要创造一个属于自己的死亡故事，这是他在度过此生时必须处理的工作。从今往后，也许每个人都要努力创造一个有关死亡的故事，这不是轻而易举就能完成的。"我"背负着一段很长的历史，同时又和周围许许多多的事物发生着某种联系。故事出自每个人的内心深处，同时与外部世界发生广阔的联系。不仅如此，我们每个人都具备一定的科学知识。在上述种种条件之下，我们创造、编撰自己的故事。这是一件非常困难的事情，却是活在世上的每个人都需要面对的课题。

56. 意识到死亡会让我们的生活更充实

进入极乐世界、转世等，现代人不相信这些古老的教义。不仅佛教如此，基督教也有复活之说。这些宗教中关于死亡及死后的说法，我们无法理解和接受。换言之，这些宗教中关于死亡的说法，已经不能满足我们的需求了。因此，我们每个人都在寻求一种关于死亡的解释和说明，而这些解释和说明首先我们自己要能接受和信服。我们寻找着、彷徨着，当代人的不安就在于此。

"人死后会如何？"——思考这个问题时，不要因为它的非科学性而发笑。这个问题与你如何度过此生也存在着某种联系。有一位中学老师给不良少年看了一幅有关地狱的画，他们看后很吃惊，一本正经地问："真的有地狱吗？"

日本发动侵略战争时，我还是个孩子，不过也已经是一名中学生了，当时没有感受到时局的紧迫。在战争舆论的鼓动下，大家都保持镇静，做好了赴死的准备，只有我做不到，我非常想活下去，但我和谁都不能说。我就是一个胆小鬼，那时的我困惑不已。

同时，我还是一个非常认真的乡村少年，对文化一无所知。所以，老师说的话、伟人说的话，我都觉得必须全部相信。我极力想这么做，但有一点无论如何难以接受，那就是"死亡是好事"这一说法。

我现在还非常清楚地记得，在睡梦中一旦和别人交锋，即使变节我也要为生存而努力。当时的我非常悲观，对自己为求生存做出如此卑劣的事情而懊恼，为自己如此胆小而自责。

后来，战争结束了，对方是正确的。此后我没有再受到死亡的威胁，一头扎进西方合理主义中。不过，在此过程中，我也慢慢发掘出一些自己内心的感受，那些传统的与死亡融为一体的东西，从心灵深处浮现出来。直到今天，我仍然对死亡抱有明显的恐惧和厌恶之情，这就是我的理解方式。

最爱的人去世时，你会问一句"为什么？"。我们得到的是"由于出血过多"等医学角度的解释。但是，"为什么是我最爱的人呢？"，这个问题是医学无法回答的，这一点我们已经淡忘了。活着与死去实际上是表里一致的，当你意识到自己将走向死亡时，人生的韵味也就体现出来了。

步入21世纪，科学技术将会更先进、更发达。但是，人为什么会走向死亡？死亡之后又会如何？这些问题与从前一样，不曾改变。

57．了解日本与西方生死观的差异

一位西方朋友告诉我："日本人信仰轮回转世之说，这特别棒。"我告诉他："不对，不对，现在的日本人已经基本不信了。"于是他又说："怎么会呢？日本人从年轻时起就基本不考虑死亡的问题，即便在遭遇劫机面临死亡的危险时刻，他们还是非常从容平静，获救后仍能面带微笑说：'劫机犯也很痛苦吧？'如果不相信轮回转世之说，他们又怎能做到这一点呢？"

当西方人问："日本人相信轮回转世之说吗？"大多数日本人会回答："不！"但我会告诉他们，在日本人生活的底层逻辑中，这种信仰的确在发挥作用。因此，对于西方人的见解，我基本不会予以否定。日本人的生活西方人很难理解。在日本人的生活里，死亡也被巧妙地编织其中。

但这种生活方式是否合适？对于这一问题，不断有人在追问。

与西方人不同，日本人在心中主要依靠的是母性原理，而美国人和欧洲人则是父性原理。在日本，不论是谁都会被母亲包容和接纳，这一点非常重要。将人区分开来，把美与恶、男与女对比，这是一种科学式的思考，一种富于逻辑性的思维方式，而我们对一切持包容态度。日本人之所以很容易接受死亡，是因为他们相信，所谓"死"就意味着重新回到母亲的体内。

58．利用身边的事进行宗教教育

有关奥姆真理教以及相关事件，我们还有许多不明白的地方，在我看来，日本人，尤其是日本的年轻人，缺乏深刻的、宗教式的思考，是这次事件发生的背景原因。法律保证宗教信仰自由，因此学校教育不涉及宗教问题。年轻人对宗教毫无戒备，白纸一张，导致他们对教祖所谓的"世界末日战争说"深信不疑，并做出一些旁人无法理解的举动。

西方世界中，基督教仍继续发挥作用。教会仍在运转,《圣经》也仍被传诵。而在日本,不需要任何佛学经典,有的只是生活习惯。

我们应该实施的教育,是每个人的精神都不会受到控制,并且每个人都具备强大的精神力量、健全的人生观。而在日本,没有这样的教育。

由于宗教教育涉及信教自由的问题,因此孩子们在学校得不到这方面的教育。在我看来,并不是要告诉孩子们哪一门宗派所说的是正确的,或者教给他们基督教式的思维方式,而是要告诉他们,什么是真正的宗教性。这一点学校是能够做到的,但是目前的教育似乎有所欠缺。

接下来,我来讲一位老师的经历。班上有一个孩子总是把学校发的牛奶剩下来带回家。老师觉得有些奇怪,进行了一番调查。原来这个孩子在山洞里养了一条狗,他每天都去给狗喂牛奶。老师知道后没有发火,反而把这个故事讲给班里的同学听:某某同学用这样的方式喂养了一条狗,它是被人遗弃的。班上的孩子听后表示,不如我们把它作为整个年级的宠物,在学校里一起喂养吧。但这样做是违反校规的,因为学校里不能随便饲养动物,而且存在卫生管理问题,比如狂犬病之类的。校长告诉他们,绝对不可以。

这个时候,老师又和全班同学一起商量。班里的孩子们说,我们回家分别问一问自己的家人或邻居,是否可以代管这条狗。只要代管就可以,由我们全班同学轮流照顾。后来,毕业的时候,大家又遇到后续该如何照顾这条狗的问题。大家一起商量,最后决定由老师收养。在我看来,这就是宗教教育。

无论科学技术如何进步,人生中无法回答的问题还是多如牛毛。有人在交通事故中身负重伤,他不免会问:我什么错事都没做,为何要遭这样的罪?此刻,自然科学不会回答这样的问题。不仅如此,人为什么会死?死后又会如何?这样的问题自然科学也无法回答。有生之年,人总是为此而不安。如果有人乘虚而入,告诉你一些所谓的"超自然现象",你是否能够抵制,予以反驳?我们是否接受过相关的教育或训练?尤其是日本人,很少有人信仰某一特定宗教,这样的局面更助推了这种迷信和臆测。

关于这一点,我觉得有必要进行广泛意义上的宗教教育。但是,如果在公立学校开展与某一特定宗教相关的宗教教育,这样做违反宗教自由,是绝对不可以的。尤其应该注意的是，公立学校的教育曾与国家神道[1]紧密相连，它的危害有多大，大家有目共睹。因此，我们更应该谨慎。

宗教教育并不是学校教育的一环，它属于家庭教育的范畴。话虽如此，日本的家庭能实施几分呢？有些家庭仍保留着宗教活动或宗教氛围，无论他们信奉的是何种宗教，都残留着日本传统宗教的色彩。这恰是薄弱之处，让那些超自然的假象有机会乘虚而入。正因如此，日本人才更容易被那些神秘的事物吸引，上当受骗的情况也就增多了。

59. 何处寻找心灵的支柱

举一个例子。某人学业非常出色，进入一流的公司，从科长一直做到部长，步步高升是其人生目标。如此生活过来的人，一旦开始思考追问"这些究竟意味什么？"，他就会失去心灵的支柱。因为没有得到满足，就需要某种心灵的依托。恰在此时，善于捕捉他人心思的教祖突然出现说："我会成为你心灵的依靠。"那么事情会如何发展下

---

[1] 国家神道，以神道为国教，支撑维系天皇制的宗教思想。明治政府曾大力推行神道国教化政策，使其成为近代日本的精神支柱及推进军国主义的幕后力量。1946年新宪法制定后，国家神道瓦解。

去？如果教祖能满足人们精神的饥渴，大家就会聚集在一起，听信他的说教。

宗教家令人不可思议之处，在于他们不依托自己信仰的神或佛，而是依靠自身的力量，让孩子们重新做人。这样的人很多，他们动不动就进行说教或训诫。但对于那些心灵受伤的孩子来说，他们真正需要的不是所谓的金玉良言，而是有人用心去关怀他们，就像热腾腾的米饭、暖烘烘的被窝所带来的温暖。用心照顾这些孩子，不把教义强加于他们，对于宗教团体而言，创建一所这样的机构，需要很大的勇气。

阅读大江健三郎的《燃烧的绿树》三部曲，令我印象颇深的是，祈祷之后却没有任何结果，这样的结局岂不是含糊不清？如果祈祷就一定能获救，这样的结果是比较理想的。但是问题在于，即使我们祈祷，也存在获救与不可能获救两种可能。当你为此抱怨时，大哥[1]发挥着极为重要的作用。他强调，祈祷是模糊不清的，即便如此，我们也要赌上一回，这一点非常重要。

---

1 大哥，《燃烧的绿树》中的人物。

如今我们常说，去做那些清晰明了的事情，含糊不清的就算了吧。这种想法与宗教相结合，就有了麻原那一套"如果……一定……"的说教。于是，大家纷纷开始信奉，自然科学成为信仰的依据。

用可测量的方式检测后发现没有效果，于是大家就不再相信。从这层意义来说，即使良宽先生[1]来测量，结果也是一样的。

另一方面，如今步入了一个可测量的时代，年轻人同时也体会到一丝绝望。我们年轻的时候，很多事情还无法测量和估算，因而抱着许多希望。如今却是一个信息泛滥、事理清晰的时代。步入四十岁时自己将会如何？步入五十岁又将身处何方？对此大家基本上都已心中有数。

开心地追逐自己的梦想，这样的人生很棒。不过，"当上部长，拥有自己的房子，孩子考进大学，那又如何？"，这样一想，也许心情一下子就会低落下来。

日本人所谓的锤炼"精神"，为何会与那些严酷的身体训练及欺凌现象联系在一起？其中的根源很深，而且与

---

[1] 良宽先生，江户后期的禅僧、俳歌诗人。

日本宗教式的修行不无关系。东方的宗教需要我们的意识进入一种与日常不同的状态（称作"变性意识状态"[1]）。说得极端一些，就是必须要有一种经历，即否定在日常生活中被人们视为至关重要的"自我"（围绕日本人的自我问题，应进行更详尽的论述，在此请允许我仅作大致的探讨）。大家想一想参禅的修行方式，就能很好地理解这一点。不过，合适的引导者是不可或缺的要素，就好比修学佛法需要禅师的指点教导一样。但是如果修行时遇到变态的引领者，那会导致什么样的荒唐事？想一下最近的奥姆真理教事件，就不难明白了。

在这样的文化背景下，为了锤炼"精神"，人们往往错误地认为必须进行吃苦训练，尽管这样做是不合理的、强加于人的。佛教的本意并非如此，所以我们需要优秀的引导者。

---

1 变性意识状态，通常指一种特殊的心理或精神体验，个体可能会感受到自我与外界的分离，或者对周围环境的感知发生变化。变性意识状态可以表现为一种超感体验，个体可能会感受到一种强烈的喜悦和振奋，同时对周围环境的感知变得模糊或扭曲。这种体验可能伴随着意识的暂时变化，使得个体能够看到平时无法观察到的事物，但并不一定涉及生物学上性别认同的改变。

60. 今后宗教应有的形态

有人用灵魂之说来判断现实中战争的胜利与否，或者能否赚到钱，这很可怕，也注定失败。灵魂之说只能在灵魂领域探讨，如果把它带到其他世界，比如用大和魂就能获得战争的胜利，这种做法非常愚蠢。蠢事做得过多，以致今天的现实世界，自然科学统领着所有领域，自然科学的矛头直指灵魂世界。灵魂世界也需要用自然科学来解决，这是20世纪的失败。因此我认为，有必要正确地对待灵魂，把自然科学重新推回到它应该存在的地方。

一直以来，人们嘴上说自己是无神论者，事实上却生活在一个充满宗教色彩的世界。大家没有意识到这一点，所以过得还不错。

既然如此，我们有必要把泛神论式的、多神论式的生活态度及意义用语言表达清楚，这么做非常重要。

所有的宗教都试图用某种方法来处理"永恒"的问题。如何理解人的死亡，是宗教的一大课题。人的"生命"因死亡而终结，化为乌有，这样的理解方式是不对的。人的"生命"在某种意义上是"永恒"的，揭示这一点是宗教的责任。

第七章

心·自我·幸福
——停下脚步,重新思考

对人而言，幸福是非常宝贵的，很多时候我们都会为自己或他人祈福。但是，幸福究竟是什么？怎样才能获得幸福？也许我们越想越不明白。有时甚至觉得，幸福与否根本无所谓。

有人说，幸福是心灵的表达方式。有人觉得，只要有钱就能获得幸福；也有人因为钱财身陷不幸。有人认为，只要"我"自己幸福就足够；也有人为了他人的幸福甘愿奉献自己的一切。

诸如这般，"我"在对幸福进行多方位思考，这是多么不可思议。有人强调自我的确立非常重要，也有人拘泥于自我，导致不幸发生，由此认为消灭自我更重要。

对"我"而言，不仅有心灵，还有肉体。那么，是不是说"我"仅由心灵和肉体构成呢？说不定还有灵魂？大家普遍认为，地位、名誉、财产等是获得幸福的源泉，但是，如果从灵魂的角度来看，这些东西就不那么值钱了。话虽如此，仅靠灵魂活在世上又太难了。

一直以来，日本人都苦于物质的匮乏，这样的情况近年来才有所改观。一直以来大家都认为，物质上富裕起来会很幸福。为此，人们众志成城、齐心协力。如今大获成功，日本成为世界上屈指可数的富裕国家。但问题是，我们由此变成世界上屈指可数的"幸福国民"了吗？人的幸福究竟是什么？我觉得有必要重新思考一下。

61. 自我，是一切的出发点

我与你、自己与外界，我们往往有意识地将它们区分开来，虽然一直这么做，但事实上是分不开的。有时我们的想法完全受控于人，有时一些不经意的举动会完全改变我们的想法。因此，所谓的"界限""区别"是非常模糊不清的。

举例来讲，来我们这里的咨询者大都不谈自己，只谈别人。自己是正确的,那家伙不对,老爷子不像话,儿子不行,等等。这样说的人很多,而我把这些都当成他自己的事情来听。他朋友的事情、他孩子的事情,把这些都当作他本人在讲自己的事情,这样听会更明白些。总之,有些人越是想把自己与他人分开来,就越是分不清楚。

有一位咨询者告诉我,他的父亲非常可恶,曾经在寒冷的冬天把他扔出门外。在我听的过程中,他突然大怒:"老师,您这是什么态度?我这么悲惨的经历,您听了竟然不流泪?"我轻声说:"这不值得掉眼泪。该流泪的时候我会流泪,不该流泪的时候我不会流泪。"话音刚落,他反驳道:"您说什么?身为心理咨询专家,您体会不到别人的痛吗?"他大发雷霆。

"你虽然很生气,但我不会掉眼泪",我如是说。最后,他对我说,"既然这样,我跟你无话可说"。之后他躺在沙发上睡着了,打着鼾。

过了一会儿,他一下子坐起来,四下张望,然后问我:"老师,请您不要介意啊,我想问问您,有没有人把本想冲别人发的火发到您身上?"我回答道:"有啊。"于是他告诉我:"长这么大,我还是第一次敢冲着比我地位高的男性大声叫嚷，真是太开心了。"这一刻，我也非常激动，眼泪流了出来（笑）。

要理解别人，首先要理解自己。通过这种方式，我们能在更深层面把握自身，这也是活着的意义。realization是一个十分精妙的英语单词，包含"了解"和"实现"两层含义。从今往后，我们有必要完成这层意义上的"自我实现"。近来大家对"自我实现"理解得太过浅薄：把自己想做的事付诸实现——人们大都在这层意义上使用它。我所说的"自我实现"，对付诸行动的个体而言也是难以捉摸的，人们为此会体验一些从未经历过的痛苦。这样的"自我实现"，也许会带来巨大的改变，让我们既往的人生观、世界观崩塌和瓦解。

62. 迈向"寻找自我"之旅

我见过许多讨厌自己名字的人，有些名字的确古怪，但是，也有些名字很普通。尽管如此，还是有人对自己的名字不满，想要改名，有人真这么做了。他不喜欢自己的名字、憎恨给自己起名字的父亲、抱怨父亲过于随意等，对此深感不满。然而，当我们沟通了一年之后，他渐渐不再讨厌自己的名字。后来，他完全接受了。

我想大家已经注意到，这个人曾经只看到父亲的缺点，他讨厌自己的父亲。在和我交谈了许久之后，他终于看到了父亲好的一面，开始理解父亲的心情。当他接受自己的父亲时，也就开始接受父亲给他取的名字。这一刻，他的心中涌出一股正面的情感，他开始认可、接受自己的父亲。不仅如此，他也开始认可、接受自己，表示"好的，我就这么走下去"。

有位在日韩国人，本来取了一个日本名字。和我交流之后，他有所改变，变得可以接受韩国名字了。对自己名字的肯定，就是对自己的肯定。

从广义上来说，谈论日本人的心理，就是探讨日本人的自我认同问题。最近常听人说要确立日本人的自我认同意识，其中不乏简单的论调、肤浅的理解。具体而言，所谓"日本人的自我认同"，就是日本人所固有的一些东西。这样的理解方式很容易滋生出沾沾自喜、自以为是的情绪。再将其与日本经济的成功联系在一起，不免让人赞叹和称颂。这样做其实非常浅薄，让人联想到战争中那些军阀的论调，愚蠢至极。

所谓"自我认同",并非如此简单。寻找自身固有的东西时,如果不能将其与某种普遍性联系在一起,就会变得非常肤浅,妄自尊大。曾经有一位日裔告诉我:"越是深挖日本的根,就越能加深我和美国人的交往。"他的这番话,很好地揭示了自我认同的深层意义。

也有日裔表示,实际上,对于自己是日本人,我曾经非常厌恶(尤其是想到日本战败时的场景,这种情绪非常容易理解)。因此,无论如何,我首先告诉自己"我是一个美国人"。为了做一个美国人,我曾努力抛弃那些日本式的东西。之后,我小有成就,在美国社会赢得了一席之地。而如今,我却在自己身上寻找、关注那些日本式的东西,试图重新认识它们。通过重新审视,我与美国人的交往反而变得顺利起来,这真的很有趣。他总结道,曾经的我非常努力,但似乎有些勉为其难。

因为缺少时间,人们最终还是会选择按惯例来做。看电视如此,去旅行也是这样,总是跟着别人的路线走。这样做的人其实并不清楚自己作为一个个体真正想要的东西。寻找心灵净土的旅途中,暴风骤雨是避免不了的——也许这么说更合适吧。

开启心灵之旅时，等待你的不会是风平浪静，首先或许是一些可怕的经历。人为了生存，会有意识地回避曾经的痛苦，或者选择忘却，将其沉积于心灵深处，平时不愿提起。而这些沉积物却常常威胁着人的意识。心灵之旅总是从这里开启，所以十分艰辛。

63. 心灵和肉体是分不开的

不要只关注疾病，而是要关注患病的人，关注患者的全部生活经历，由此你会了解到，所谓"心身症"，与患者的生活态度、生活方式密不可分。说到"全部"，它包含一个人的过去、现在及未来，也包含所有的人际关系。对待心身症患者，与其在过往的生活中寻找原因，不如探讨心身症对其以后的生活方式会产生何种影响，这样做才更有意义。

心身症会改变患者的生活方式及人际关系。这种病并不是由于心理出问题后导致身体出现某些症状，而是人的心灵和肉体作为一个整体，在发生大变动时，出现心理及生理障碍，最终成为心身症患者。不是心灵或肉体哪一部分出了问题，而是"人"，这个不可思议的存在，他的全部都在经历某种变化。不要片面地认为，生理或心理的一方是引发疾病的根源，应该从整体来把握，意识到生理和心理是同时出现问题的。

即将步入青春期的女孩，有一天她突然感觉到自己和他人的不同之处。她的世界与大人的常识格格不入，甚至连十分亲近的母亲也变得陌生。有一天，女孩忽然觉得自己变成了猫，母亲变成了对猫过敏的人，她这么想也在情理之中。

心灵与肉体的结合无比微妙。与男性相比，女性心灵与肉体的结合更微妙，也更紧密。

人们曾深信努力付出就会有回报，也曾过度信赖自然科学的力量，以至于如今对其十分戒备。艾滋病在美国成为非常严重的社会问题，就充分证明了这一点。

我在美国期间，人们对艾滋病议论颇多。许多心理治疗专家将其视为一种"心理"问题。出于对艾滋病的惧怕，人们禁止了性自由。但是，无论"心理"层面多自由，生理上的恐惧还是会抑制性行为。大众行动上的转变并非基于伦理观的改变，而是由于艾滋病带来的恐惧。从前人们总认为，人的意识可以自由支配一切，这一次是生理、肉体做出了有力回击，难道不是这样吗？

64. 解开人们对心灵的误解

逻辑上存在某些矛盾之处，据此判断不能这样思考问题，这类想法是错误的。逻辑缜密，对机器而言非常重要。因为如果逻辑出现问题，机器就不能运转。但要是把这套方式用在人的身上，就会出问题。

用因果关系思考人生中的一切，这样做是不是有些莫名其妙？事实上，大家应该意识到，人生中很多事情是同时发生、同时发展的。否则，你会不停地让孩子做这做那，希望他做得更好。问题在于，很多人做的很多事情，都是可做可不做的。有时什么也不做站在一旁观望的人，反而更好。只要能很好地把控某一件事情、某一套系统，就能出色地完成任务，这样的想法是错误的。大家已经被这样的逻辑折磨得苦不堪言，难道不是吗？

人，依靠自己的人生观、世界观和自己的一套体系而生存。如果这些东西受到剧烈冲击，是非常可怕的。

在研究室里的我，之所以不会感到恐惧，是因为我非常熟悉这里的一切。可是如果突然跑出来一条奇怪的虫子，我不知道它会做什么，换句话说，我熟悉的系统中突然出现了不安定的因素，这个时候，恐惧感会随之而来。

从这个层面来说，还是不要体验恐惧为好。但是，如果生活一直平静如水，也许我们会感到安心，但这样的生活和死去有区别吗（笑）？所以说，人生中一定会有一些恐惧的事情出现。如果生活中遭遇大动荡，处理得好，就是新生活的开始，处理得不好，等待我们的将是失败。

也就是说，体验恐惧是走向成功或失败的分水岭。就此而言，如果完全将它拒之门外，人生也就失去了意义。

在欧美，物质和心理区分得非常清楚，心理价值如同物质价值一样，被明码标价。因此，心理价值由心理专家给出适当的评价。与之不同，日本在物质和心理方面的区分十分模糊，所以很难把心理单独拿出来讨论，也很难对心理价值做出适当评价。我们的评价有时过高，有时近乎于零。究其原因，主要在于现代日本的医疗体制存在问题，它以药这种物质为中心进行价值判断，做检查也是根据使用的药物来划价的。但诊断和治疗过程中医生付出的心理陪伴，是不进入价值评判体系的。

大家对心身症已经非常熟悉，不过在我看来，仍然存在很多误解。有人认为心理问题是身体发病的重要原因，这样的看法是错误的，而且相当幼稚。说到心理问题，大家普遍认为，就是指一些苦恼或忧虑，甚至还有人认为，这是粗枝大叶导致的结果。

事实上，如果人们很容易就意识到自己的苦恼或忧虑，这种情况下患心身症的可能性不大。有人痛苦至极还能幸免，也有人没什么烦恼却成为心身症患者，这样的例子我碰到过很多。所以，我希望大家改变一下观念，不要认为是心理问题导致了心身症的发作。

一般而言，"常识"管控着我们的思维方式，所以大家根据现状推导接下来可能发生的事情。然而，某些变化的发生会导致梦境的改变。梦境带来的刺激不是我们常人所能想象的，因此梦里的思维方式很有趣。到我们这里来咨询的，大都是不按常理出牌的人。如果他们的回答在人们的意料之内，就没有必要来咨询了。因此，在使用常规的思维方式无法解答时，我们通常会建议"那就做一做梦吧"。梦是看不到摸不着的，尝试之后，也许能找到有趣的答案。

65. 肤浅的幸福不会长久

所谓"好事成双",这世上是不存在的。一件好事发生的同时,也会有另一件不好的事与之相伴。一件事情无论有多好,它的背后也隐含着某些令人意想不到的负面作用。

另一方面,这世上也几乎没有"坏事成双"。无论一件事情多么糟糕,仔细观察,就会发现其中也有好的一面。

为了获得两份成功,需要付出比获得一份成功多十倍的努力。有些人只付出了比他人多两倍的努力,便想获得两份成功,那就只能感叹这世上为什么有那么多不如意的事。

世上难有两全其美,如果你明白这个道理,那么即使有一些不好的事情无法避免,还是能够乐在其中。

"世上没有好事成双",我很喜欢这句话。所谓的"一举两得",我们很难遇到。在试图实现这样的效果时,总会有一些意想不到的陷阱等待着你。

现代社会重视个性。"发展个性"这类说法,在日本的公司和学校多有耳闻。但是,想一想究竟什么是个性,有些人自己也搞不清楚。既然这样,那就不管不问个性的具体内容，只要能说出"只有我可以……"就很了不起了。也就是说，"为什么只有我不幸？"这样的疑问为我们寻找个性提供了切口。说到这里，我们不妨扩展一下这个切口，从中去发现一些事物，不论多痛苦也要关注它们，重视它们。当代人十分重视"平等"。同样是人，我们应该为获得最大限度的平等而努力。我们现在以平等为基础活在这世上，将来也是如此。神灵一方面对人类追求平等的努力给予肯定，另一方面，为了避免过于平淡和单调，避免其失去个性化色彩，也带给每个人不同的命运，这命运中有些许不平等的色彩，甚至有些离谱。神灵给予我们的不平等，人们为追求平等而付出的努力，当两者撞击迸发出火花时，每个人所独有的个性就闪现出来。

日本曾在战争中失去了一切，此后通过大家的努力，再加上科学的力量，物质渐渐富裕起来。有了这段经历，人们就以为只要努力就能做到任何事。这种想法过于简单了，而且，这样的逻辑仅适用于物质方面，在心灵上是完全行不通的。有意思的是，当人们心中产生一种执念，觉得自己必须做到、必须实现时，情况就有所不同了。

什么是幸福？通过学习取得成功就获得了幸福？长寿

就是幸福？物质丰富就意味着幸福？对此大家要重新思考一下。

66. 相信自己有能力从悲哀中走出

失去了最爱的人、失去了最大的恩人，如果遭遇这种悲伤，人们可能一蹶不振，有时甚至因此而自杀。为了避免这种事情的发生，被琐事包围也算是一种无意识的自我保护。总之，能让我们离悲伤远一点。虽然一段时间之后，悲伤还是会和时间一起走来，但只有这样，人才能承受极度的悲伤和痛苦。至爱的人离世时，被一些毫无关系或琐碎的事情缠绕，读者中也有人经历过这样的事情吧。

遇到意想不到的事故、有人意外身亡、出乎意料地被老师训斥，经历这些意外之后，大家出现了不同程度的心理问题，于是到我这里来咨询。此时，原本对一切都非常清楚的人，往往痛苦得不能自拔。而平时稀里糊涂的人，在危机出现时反而很坚强。不过，过于糊涂的人平时也容易失败。真是难啊！

有些日本人喜欢哭，不断诉说不满。他们总抱怨"为什么只有我这么不幸？"，他们自己无论如何也不能跨越难关，还会振振有词地唠叨"因为责任在大家呀！"，不仅如此，他们还喜欢说"请帮助我一下吧，帮我渡过这个难关"，这毛病就是改不了。

67. 幸福的感觉因人而异

尽量排除负面因素，同时尽可能把有利的东西吸收进来，以此获得幸福——这种生活态度已宣告失败。从今往后，消极的东西也可以成为幸福的源泉——这种幸福论变得越来越重要。有人追求幸福反而深陷不幸，有的父母一面祈祷孩子的幸福，另一面却把孩子推向不幸。看来，我们需要新的幸福论！

泽村贞子[1]女士曾提出"福分之说"，认为每个人都有自己的福分，我非常赞成这样的说法。我的工作让我有机会接触很多人，接触到他们的内心深处，从中我深感福分的存在。既然有福分，是不是也有祸分呢？尽管我从来没有听过所谓的"祸分之说"。

有一次电车的输电线出了故障，我只能等待，利用

---

[1] 泽村贞子，日本女演员、随笔作家。

这段时间，我思考了一些问题。尽管人也有祸分，但是由于人口增长的速度非常快，社会日趋复杂，神灵没有时间详细规定每个人的祸分。因此，我出生时虽然神灵把祸赐予我，却省略了具体细节。拿交通事故来说，只规定了要经历多少回。祸分一览表显示：河合隼雄，交通事故13次等。

由于电车的输电线故障，我等了一个小时，不过就此消除了一个祸分。如此想来，等待也没什么大不了，应该开心才对！很多乘客为此非常生气，而我这么一想，满心欢喜。不久，电车驶来，我乘车回家。到家后，我立刻把祸分之说分享给家人，还十分得意地说："大家都很无奈，只有我一个人乐呵呵的。""哟，还有这么愚蠢的想法？"——家人一笑了之。我反驳道："我这么精彩独到的见解！"家人们却无法理解。

过了许久，我又一次因为电车故障而不得不等待。因为耽误了吃晚饭，我着急地往家里赶，一到家，家人们异口同声地说："你的祸分又减少了一个，高兴吧！"忘记了祸分之说的我和大家一起大笑，这才使因等车而本不愉快的晚餐变得开心起来，所谓"转祸为福"，就是如此吧。

祸分之中演绎出许多欢声笑语。

68. 人是在矛盾之中生存的

所谓"首尾一致",在现实生活中是不可能的。如果一个人首尾一致地生活,他周围的人该有多累呀(笑)。

有人认为,首尾不一致就意味着乱七八糟,这种想法太幼稚了。在首尾不一致中保持平衡,这一点你了解吗?换言之,这是在描绘一幅极为复杂的曼陀罗图。

有人高唱人人平等,可是不知不觉中自己却成了富翁、成了领导者。人都有这一面,与自己倡导的理念背道而驰。我曾经参加过学生运动,非常了解学生运动的领导者。他们口头上说得漂亮,私生活却乱七八糟。他们声称男女平等,却把女性当下人来支使。

意识形态基本上都是二元对立式的思维方式,不是我对,就是你错。但这种思维方式是不能用来解决实际问题的,因为如果运用到现实中,有时可能导致"你死我活"的局面。

A 与非 A,用二元对立的方式来思考问题,将在 20 世纪走向终结。把 A 与非 A 对立起来,如果 A 是正确的,那么非 A 就是错误的。20 世纪是人们把这种思维方式推向极致的世纪。依靠 on（开）和 off（关）的组合（二进制），人类创造出了计算机。但是，这个时代正走向终点。

因为"我"是绝对正确的，所以"我"要把自己之外的人统统击败，这种观点在 20 世纪以前占统治地位。十字军就属于这种类型。美国人靠开拓精神不断向西挺进，把印第安人放逐到更远的地方。但是，如今整个地球已经成为一个整体，只有自己正确而别人都是错误的，这种思维方式已经行不通了。尽管如此，我们却还硬抱着不肯放手。如何改变现状是一个棘手的问题，也会是 21 世纪的一个课题吧。

现实生活中，我们经常遇到这种情况：能分辨出事情的对错却无济于事，说得很对却没有实际效用。比如，我曾经告诉自己，如果能早起一小时学习德语，会卓有成效，这绝对是正确的。话虽如此，可我就是无法付诸行动（笑）。又比如，母亲与孩子发生争执时，有人劝母亲"您可以对孩子温柔一些"。虽然这话是对的，但母亲无论如何也做不到。所以我说，正确的言词往往不会有多大作用。说真正有用的话，其实很难。

构建自己的人生，需要深度，也需要宽度，还需要保持两者的平衡。为了不断拓宽人生，我们需要四处奔波，为了追求人生的深度，我们又不得不止步停留。究竟怎样组合才能恰到好处？首先，这是个人喜好的问题，但一般说来，开拓人生更容易被大家看到，而追求有深度的人生则往往被忽视。

69. 从孩子的纯真中领悟到的真谛

我听说，近来阅读儿童文学的成人有所增加。我问了一所大学图书馆的管理员，他告诉我，自从图书馆里摆放儿童文学名著后，就有学生来借阅。这样的学生还在增加。听闻这个消息，有人认为现在的学生太幼稚，我却觉得，这是一个很大的误解。我本人也是儿童文学爱好者。恕我直言，我不认为儿童文学就是为儿童而写的文学。我觉得，儿童文学是用儿童的眼睛观察世界，然后用文学的形式展现出来。孩子的眼睛并不一定幼稚。有时候，成人的眼睛往往被常识遮掩，孩子却能十分敏锐地观察事物。

孩子的读物之所以有趣，是因为他们用清澈明亮的眼睛观察世界。他们爱自己的家人，有时也感到讨厌，通过这样的情感积累，拓展自己的天空。他们用纯真的心灵，感受老人的智慧和美好。孩子没有能力把自己的所见所闻描绘出来，于是，儿童文学创作者就代替他们写故事。

有些成年人，拥有十分宝贵的东西，却看也不看就扔掉，实在太可惜。与他们不同，孩子的眼睛天真无邪，他们在眺望星星时，眼中常闪烁着喜悦的光芒，而成人早已忘却天空中还有星星。

70. 物质富裕带来的不安

有人说："阪神大地震和奥姆真理教事件的发生，让大家注意到日本人内心深处的不安。"我认为这样的分析颠倒了顺序，其实是因为人们内心感到不安，才导致奥姆真理教这类事件发生。

对日本人而言，战后的日子虽然贫穷了点儿，却生活得轻松自在。能填饱肚子，能住进不漏雨的房子——大家的生活目标十分明确，专注于此就足够了。而且，随着日本经济的不断增长，人们逐渐把愿望化为现实。因此我们说，战后的人们没有正视那份与生俱来的不安和软弱。

以家庭为例，物资匮乏的年代，父亲只要拼命挣钱养家，就足以维持他作为一家之长的威严。而且只要工资不断增加，一家人就能生活得和和美美。总之，那时家庭成员之间的关系相对稳定。然而，当物资泛滥时，父亲挣钱养家的意义逐渐淡薄，为了维持家庭和睦、夫妻关系稳定，就要赋予家庭新意义、注入新能量。

换言之，如今我们生活在这样一个社会：只要有钱就能幸福生活，用原因可以推导结果，用道理能够解决问题。对于这样的社会，我们开始质疑：人为什么活着？应该怎样活着？该如何死去？当代人必须思考这些问题。我们就生活在这样一个时代。

71. 用心灵感知眼睛看不到的真实

美国人的优点在于，他们无论做什么事情，都要清楚明白。这种态度存在一定的危险性，有可能把一些问题理解得比较肤浅。日本人只图模糊地结束，美国人偏偏喜欢聚焦模糊不清的地方。如果有人提出尖锐的问题，美国人会很高兴。

如今,春夏季高中棒球联赛[1]已固定成为一个全国性的活动。许多人对棒球所知不多,但是,他们一定会看高中生的棒球赛。与其说他们是对棒球感兴趣,不如说是被一群高中生的青春热情吸引。而且,赛场上大家各自为家乡的棒球队呐喊助威,痛快淋漓,颇具魅力。

助威的声势现在也越来越大。为了充分展示自己的家乡,大家绞尽脑汁,各显神通。有人甚至表示,只看呐喊助威就很有意思。也有人提出异议,他们从教育的角度进行批评,认为充其量是一场高中生棒球赛,没有必要如此大张声势。的确,助威过于声势浩大。不过,联想到曾经的战争,我们也在"狂热"的驱使下奔赴战场,展开厮杀。和那份狂热相比,棒球赛中助威的声势不过是小巫见大巫,不值得大动肝火。

提到战争中自上而下强制推广的那份"狂热",我不免担心起来,这种模式会不会被如今的高中生棒球赛继承

---

[1] 春夏季高中棒球联赛,在日本,这一比赛历史悠久,自1924年起在位于日本兵库县的阪神甲子园球场举办决赛,因此日本人也习惯用"甲子园"来称呼全国高中棒球联赛。对于热爱棒球的高中生及观众来说,甲子园是他们心中的圣地。

下来？会不会有人被逼着呐喊助威？非常不情愿地捐款？有没有人为了支持自己的孩子，做出很大的牺牲？

无论一件事情多完美，它一定也存在缺陷。我们不能因为缺陷的存在，就对其全盘否定，或者一味攻击，这样做就没有意义了。尽管如此，如果我们对缺陷没有丝毫觉察，也会栽跟斗。

想到这一点，再看一看现在的报纸，让我感到十分遗憾的是，为什么那些报道都如此千篇一律呢？报纸上许多介绍"美谈"的文章就是这样。某个孩子为了参加棒球比赛，未能和父亲见上最后一面，这是"美谈"。但是，为了送至爱的父亲最后一程而放弃比赛，这难道就不是"美谈"吗？在此我并不想评判哪一方是正确的。我只想说，对于人生有多种看法，一个人如果能按照自己的人生观生活，就是美好的。围绕这些高中生棒球选手的一些"佳话"和"美谈"，如果能呈现出更丰富的内容，不是更精彩吗？事实却是，目前的报道过于千篇一律。

为了母校、为了故乡，献出自己的全部……无论输赢，都是眼泪、眼泪，看到这些，我脑海中浮现出当年全民参战的情景，感觉两者似乎如出一辙。

72. 经过痛苦才有心灵的愈合

如果没有全世界的齐心协力和相互支持，跨越彼此之间的不同——诸如过去、现在和未来，日本与别国，现实与幻想等——就无法实现心灵的愈合，虽然这话听起来有些夸张。那些看上去毫不相关的事物，其实有一条无形的线把它们连接在一起，那里便是心灵愈合之处。

PTSD，也就是"创伤后应激障碍"，指心灵受伤后人的精神处于一种紧张状态。遭受很大的打击之后，一开始病人处于努力恢复阶段，基本看不出什么问题。不过，很长一段时间后，症状某一天会突然显现。这样的病例在美国等地已有很多。美国曾发生北岭地震，当时我的一位朋友就在那里，我听他说起过这样的病症。日本也有这样的病人。不过，日本人在遭受打击时，一般不会一个人承受，而是大家一起面对。病人在家庭中不停抱怨，不断发牢骚，创伤后应激障碍以这种形式表现出来，所以很少有人出现非常明显的神经官能症之类的症状。

对此，我起初感到十分欣慰，但问题是，任何事情都要从正反两方面来考虑。出现这种病症的人少，也可以理解为，日本人没有能力独自承受打击、承担痛苦。

一直以来，人们觉得某种伤痛在经过治疗后，感受到轻松和舒适，这就是"治愈"。但事实上，轻松和舒适不是那么容易就能获得的，很多时候需要我们先吃苦。因为在创造新事物时，痛苦总是相伴而行。甚至可以说，没有痛苦就没有治愈。

译后记

《人生这门学问》，是河合隼雄先生关于人生哲学、心理学和社会关系的著作，1996年在日本首次出版。彼时，日本的经济发展达到顶峰，但教育、文化等领域出现诸多问题，该如何理解，又该如何面对，河合隼雄先生用轻松诙谐、拿捏有度的语言，提出了独到的见解。书中对日本社会的观察和探讨、对人生各种问题的思考，深入浅出，言近旨远，读后让人受益匪浅。正因为如此，这本书出版后好评如潮，经久不衰。

河合隼雄先生是日本心理学界的领袖级人物，他在学术成就、临床实践及大众心理健康方面均做出了卓越贡献。他将荣格心理学引入日本，并结合日本文化特点，创立了适合日本人的心理治疗方法。他还引入并发展了"箱庭疗法"（沙盘游戏疗法），使其成为日本临床心理治疗的主流技法。河合隼雄先生不仅是一位杰出的学者,还是一位多产作家,其作品以平易近人的语言和深刻的见解著称,帮助读者解决生活中的困惑和心理问题。此外,河合隼雄先生曾在京都大学、国际日本文化研究中心等机构担任重要职务,并于2002年出任日本文化厅厅长。

《人生这门学问》这本书,从家庭、教育、工作、恋爱、婚姻、宗教和死亡等多个维度,探讨了人生可能遇到的诸多问题。河合隼雄先生试图通过丰富的案例和深入的思考,帮助读者理解人生的复杂性和多样性。例如,他指出虽然物质生活变得丰富,但人们在精神和心灵层面面临诸多问题,如孤独、焦虑、人际关系的疏离等。他强调家庭关系对个人成长的重要性,指出家庭不仅是生活的起点,也是体验人生至关重要的场所。

在这本书中,河合隼雄先生对现代教育提出了许多独到见解。他强调,教育应回归人性,注重个体差异。教育的目标不应仅仅是传授知识,更重要的是培养个性和拯救心灵。河合隼雄先生批评日本普遍存在的应试教育,认为这种模式压抑了学生的创造力和个性。他认为,教育应从学生的兴趣出发,引导他们自主学习,而不是强迫他们接受统一的教学内容。教师应减少对学生排名和分数的过度关注,避免恶性竞争。河合隼雄先生指出,良好的师生关系是教育成功的关键。教师应学会倾听学生的意见和想法,尊重他们的感受,建立平等的师生关系,而不是单纯以权威者的身份出现。因材施教看似简单,却需要教师的智慧和勇气。

书中多次提及学生的心理健康问题,尤其是青少年的叛逆行为及校园暴力。他认为,这些问题反映了学生内心的痛苦和诉求,需要教师的关注和干预。教师应学会识别学生的情绪和心理问题,及时提供支持,努力营造一个安全、包容的班级氛围,让学生从中感受到自己被接纳和被尊重。通过建立良好的师生关系和家校合作,教师可以更好地引导学生成长,从而避免校园暴力的发生。就此而言,本书不仅是一本教育理论书籍,更是一本行动指南,能帮助教育工作者在实践中不断反思和进步。

书中还探讨了人际关系的复杂性和重要性,强调人与人之间"若即若离"的关系模式。河合隼雄先生认为,人际关系不仅是个人成长的重要组成部分,也是社会和谐的基础。他通过分析家庭关系、朋友关系和夫妻关系,帮助读者理解如何在亲密与独立之间找到平衡。书中对家庭关系的探讨，能帮助家庭成员更好地理解彼此，改善家庭氛围。例如，父母可以通过书中关于教育和亲子关系的内容，找到更合适的教育方式。子女则可以从中理解父母的苦衷，增进家庭和谐。书中还多次提到日本文化与西方文化的差异，尤其是在家庭关系、教育方式和宗教信仰等方面。这种跨文化的视角不仅能帮助读者理解不同文化背景下的生活方式，也促使人们思考如何在全球化时代寻找适合自己的生活方式。河合隼雄先生在书中还深入探讨了宗教和死亡这两个主题。他认为，宗教不仅是对死亡的思考，更是对人生的反思。通过宗教，人们可以更好地理解生命的有限性和意义。他指出，面对死亡的态度会影响我们以何种方式度过此生。

作为一位著名的心理学家，河合隼雄先生此书中涉及的许多内容都与心理学和心理咨询相关，书中对人际关系、家庭关系、自我认知和心灵愈合的探讨，能为心理咨询师提供丰富的理论和实践参考。同时，这本书涵盖了人生哲学的多个方面，如幸福、自我实现、宗教和死亡等，因此，对人生哲学感兴趣的读者也可以在这本书中得到启发。更为重要的是,《人生这门学问》适合不同年龄的人群阅读。年轻人正处于人生的关键阶段,面临学业、职业选择、人际关系和自我认知等诸多问题。河合隼雄先生在书中对教育、工作、恋爱和人际关系等的探讨,能帮助年轻人更好地理解自己的处境,找到适合自己的发展方向。中年人往往肩负着家庭和工作的双重压力,面临职业瓶颈、家庭关系和子女教育等问题。书中对家庭关系、教育、工作和人际关系的深刻洞察,能帮助他们重新审视自己的生活方式,找到平衡和解决之道。老年人在退休后可能会面临孤独、生活目标缺失等问题。书中对人生意义、宗教和死亡的思考,能帮助他们更好地面对晚年。总而言之,《人生这门学问》适合诸多读者阅读,它不仅是一本关于人生哲学的书籍,更是一本能帮助人们在不同人生阶段找到方向和力量的指南。

时空转换,改革开放后,中国开启了高速发展的新篇章,经历了40余年的腾飞,我们在很多领域形成了一套成熟的"内卷"体系,教育领域尤甚。"海淀妈妈""衡水模式"等更是层出不穷。自媒体发达的今天,这套模式颇有市场和影响力。换言之,该如何培养人,什么是"教育",河合隼雄先生的建言,日本的经验教训,值得我们参照。不仅如此,我们还可以把这本书当作日本当代史来读,书中呈现的问题,虽仅是一个侧面、一个缩影,但通过阅读我们依然可以看到 20 世纪后半期日本在教育、文化等领域走过的道路。同为后发型现代国家,日本的经验教训值得我们参考借鉴。

何 玮

2025 年 2 月 10 日

图书在版编目（CIP）数据

人生这门学问 / （日）河合隼雄著；何玮译.
上海：东方出版中心, 2025.2. -- ISBN 978-7-5473
-2674-9

I. B821-49

中国国家版本馆CIP数据核字第20257AE533号

《「JINSEIGAKU」KOTO HAJIME》
© KAWAI HAYAO FOUNDATION 2025
All rights reserved.
Original Japanese edition published by KODANSHA LTD.
Publication rights for Simplified Chinese character edition arranged with
KODANSHA LTD. through KODANSHA BEIJING CULTURE CO., LTD. Beijing,China.
本书由日本讲谈社正式授权，版权所有，未经书面同意，不得以任何方式作全面或局部翻印、仿制或转载。

Simplified Chinese translation copyright © 2025 by Orient Publishing Center.
All rights reserved.

上海市版权局著作权合同登记：图字09-2025-0128号

人生这门学问

著　　　者	［日］河合隼雄
译　　　者	何　玮
策划编辑	陈哲泓
责任编辑	时方圆
装帧设计	左　旋
出 版 人	陈义望
出版发行	东方出版中心
地　　　址	上海市仙霞路345号
邮政编码	200336
电　　　话	021-62417400
印 刷 者	上海万卷印刷股份有限公司
开　　　本	787mm×1092mm　1/32
印　　　张	6.25
字　　　数	90千字
版　　　次	2025年5月第1版
印　　　次	2025年5月第1次印刷
定　　　价	55.00元

版权所有　侵权必究
如图书有印装质量问题，请寄回本社出版部调换或拨打021-62597596联系。